"十二五"职业教育国家规划教材
经全国职业教育教材审定委员会审定

单片机应用技术

第 2 版

主　编　王贤辰　葛和平　李　丹
副主编　黄利平　洪华珠　练俊灏
参　编　易浩民　余福海
唐

本书是“十二五”职业教育国家规划教材修订版，是根据教育部公布的《中等职业学校机电设备安装与维修专业教学标准》，同时参考电工职业资格标准编写的。

本书以任务为载体，强调理实一体化，着重提高学生解决生产应用中实际问题的能力，内容以三个梯度展开讲解：第一部分以培养学生对单片机知识的兴趣为主，介绍单片机开发的基础知识；第二部分以培养学生掌握单片机基本技能为主，介绍单片机开发的常用外设；第三部分以讲解单片机开发工程师岗位需要的知识和技能为主，介绍一些较复杂的、同时业界非常流行的接口电路和复杂程序的编程等。

本书可作为中等职业学校机电类、电气类、电子信息类专业单片机课程的教材，也可作为相关岗位培训教材及参考用书。

为便于教学，本书配套有视频资源（以二维码呈现于书中）、电子教案、助教课件、源程序代码等教学资源，选择本书作为授课教材的教师可登录 www.cmpedu.com 网站，注册后免费下载。

图书在版编目（CIP）数据

单片机应用技术/王贤辰，葛和平，李丹主编. —2 版. —北京：机械工业出版社，2021.5（2024.9 重印）
“十二五”职业教育国家规划教材：修订版
ISBN 978-7-111-68236-3

Ⅰ.①单… Ⅱ.①王… ②葛… ③李… Ⅲ.①单片微型计算机-职业教育-教材 Ⅳ.①TP368.1

中国版本图书馆 CIP 数据核字（2021）第 091344 号

机械工业出版社（北京市百万庄大街 22 号 邮政编码 100037）
策划编辑：赵红梅 责任编辑：赵红梅 王宗锋
责任校对：李 杉 封面设计：张 静
责任印制：刘 媛
北京中科印刷有限公司印刷
2024 年 9 月第 2 版第 7 次印刷
184mm×260mm · 13.75 印张 · 232 千字
标准书号：ISBN 978-7-111-68236-3
定价：39.80 元

电话服务 网络服务
客服电话：010-88361066 机 工 官 网：www.cmpbook.com
010-88379833 机 工 官 博：weibo.com/cmp1952
010-68326294 金 书 网：www.golden-book.com
封底无防伪标均为盗版 机工教育服务网：www.cmpedu.com

前言

单片机是现代电子系统中重要的核心控制器件，在工业控制、仪器仪表、家用电器、电子通信、办公自动化设备等领域应用较为广泛。因此，单片机课程也在职业院校的电子技术类、物联网技术类等相关专业的教学中占有重要的地位。

单片机是一门实践性很强的课程，采用理实一体化的教学模式，可使学生真正掌握单片机技术，灵活应用单片机。

本书是“十二五”职业教育国家规划教材《单片机应用技术》的修订版，是编者通过对企业岗位的亲身体验、深入调研，结合岗位能力进行课程设计，对“单片机应用技术”课程的学习情境、教学过程、评价方式、教学网站等方面进行全面系统的探索和实践后修订而成的。本书以解决实际项目的思路为编写主线，用项目目标引领理论，采用任务驱动的方式，将理论与实际相结合，突出技能培养在课程中的主体地位，教会学生完成工作任务，激发学生学习兴趣，锻炼学生实践能力，培养学生工程素质和创新意识。

为保持教材的延续性，本次修订保持了第1版的基本体例，结合单片机发展的新知识和新技术，采纳第1版教材应用反馈意见，参考国内外关于单片机技术的研究和应用的发展趋势，对内容进行适当修改，引入了工作岗位中新的控制技术，并对部分过时技术进行删除。

本书由王贤辰、葛和平、李丹任主编，黄利平、洪华珠、练俊灏任副主编，参加编写人员还有易浩民、余福海、詹小杏、唐江微、易宝文。本书编写过程中参考了很多作者的图书和文章，在此向这些作者致谢。

限于编写水平，书中可能存在诸多疏漏，敬请读者指正。

编　者

二维码索引

（续）

页码	名称	二维码	页码	名称	二维码
89	4-2　控制步进电动机的运动		156	7-1　简易电子密码锁	
95	4-3　控制舵机的运动		173	7-2　环境温度检测系统的制作	
106	5-2　控制 RT1602 液晶显示器		189	8-1　数字电压表的制作	
116	5-3　控制 128×64 液晶显示器		197	8-2　波形发生器的制作	
125	6-1　单片机控制 74HC595 的串转并芯片				

目　录

绪　论

一、MCS-51 单片机简介

MCS-51 单片机在一块芯片中集成了 CPU、RAM、ROM、定时器/计数器和多功能 I/O 口等计算机所需要的基本功能部件，包括：

- 一个 8 位 CPU；
- 4KB ROM 或 EPROM（8031 无 ROM）；
- 128 字节 RAM；
- 21 个特殊功能寄存器；
- 4 个 8 位并行 I/O 口，其中 P0、P2 为地址/数据线，可寻址 64KB ROM 和 64KB RAM；
- 一个可编程全双工串行口；
- 5 个中断源，两个优先级；
- 两个 16 位定时器/计数器；
- 一个片内振荡器及时钟电路。

二、Proteus 概述

Proteus ISIS 是英国 Labcenter 公司开发的电路分析与实物仿真软件。它运用在 Windows 操作系统上，可以仿真、分析（SPICE）各种模拟器件和集成电路。该软件的特点如下：

1）实现了单片机仿真和 SPICE 电路仿真相结合，具有模拟电路仿真、数字电路仿真、单片机系统仿真、键盘和 LCD 系统仿真等功能，另外它还有各种虚拟仪器，如示波器、逻辑分析仪、信号发生器等。

2）支持各种主流单片机系统的仿真。

3）提供软件调试功能。在硬件仿真系统中具有全速、单步、设置断点等调试功能，同时可以观察各变量、寄存器等的当前状态，同时支持第三方的软件编译和调试环境，如 Keil C51 μVision2 等软件。

4）具有强大的原理图绘制功能。

三、Proteus 操作界面简介

双击桌面上的 ISIS. EXE 图标，出现如图 0-1 所示界面，表示进入 Proteus ISIS 集成环境。

图 0-1 Proteus ISIS 初始界面

Proteus ISIS 的工作界面是一种标准的 Windows 界面，如图 0-2 所示。工作界面上包括标题栏、主菜单、标准工具栏、绘图工具栏、对象选择按钮、仿真进程控制按钮、预览窗口、对象选择器窗口和图形编辑窗口等。

四、Proteus 原理图设计以及仿真

下面通过一个实例来学习如何运用 Proteus 软件画原理图以及实现 Proteus 的仿真。如图 0-3 所示，由单片机的 P1 口控制 6 位七段数码管的段码端，P3 口的低 6 位直接控制位选端，通过 6 位数码管显示 0~5 六位数字。实际的电路设计不能采用这种接法，因为单片机的拉电流不足以供 6 个数码管同时工作。

注：本书图中的电气符号为软件自带符号，可能与最新的国家标准不符，仅供读者参考。

1. 实验步骤

1）将所需要用到的元器件加入到对象选择器窗口。单击工作界面左侧的对

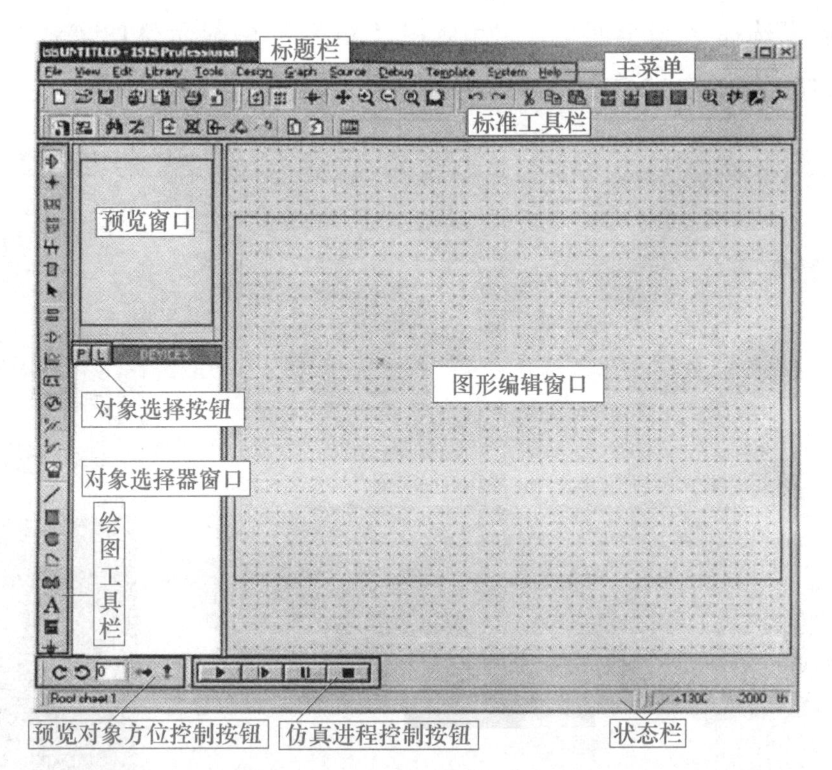

图 0-2　Proteus ISIS 工作界面

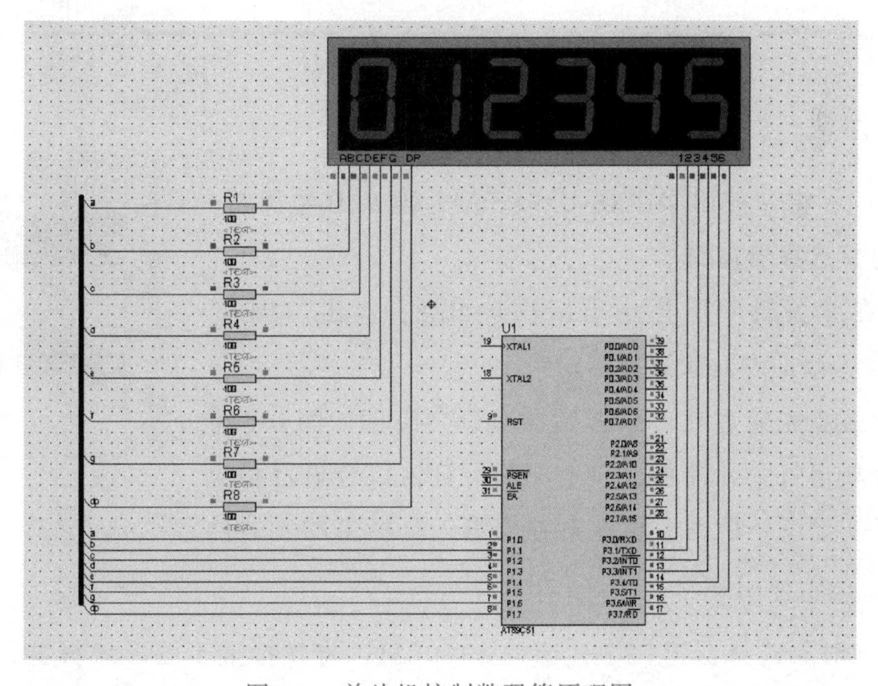

图 0-3　单片机控制数码管原理图

象选择按钮 P ，弹出如图 0-4 所示的元器件选择（Pick Devices）界面，在“关键字”中输入 AT89C51，系统在对象库中进行搜索查找，并将搜索结果显示在“结果”中。如果选择“完全匹配”，就会在“结果”中显示 AT89C51 器件，单击“确定”按钮后，AT89C51 就会添加在对象选择器窗口内。

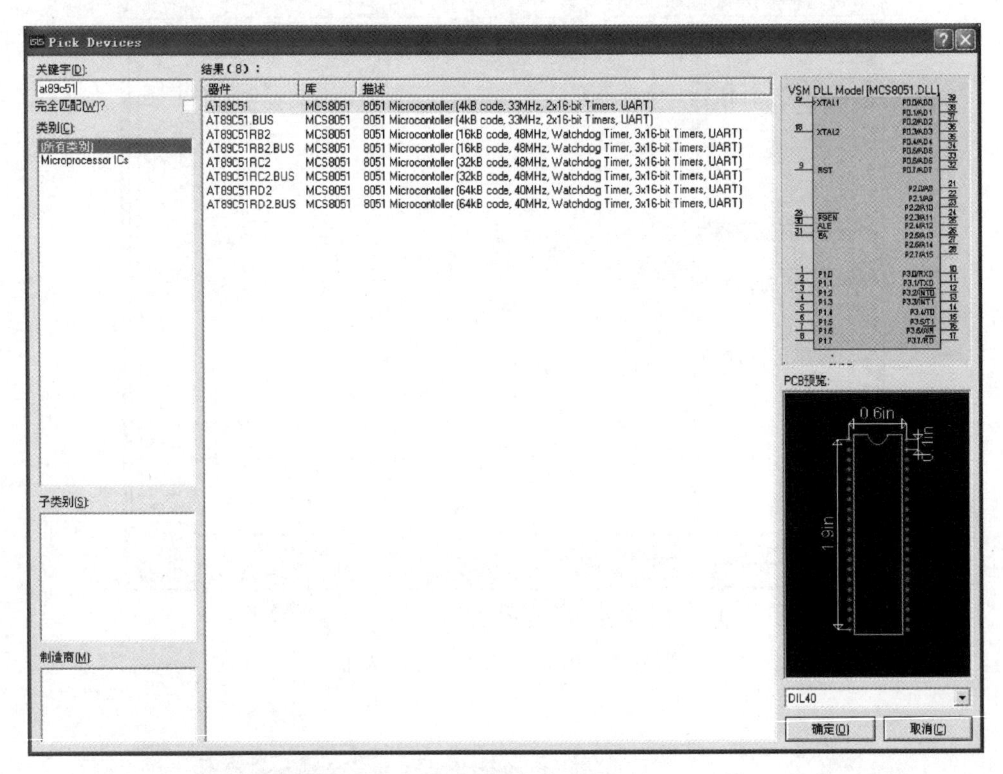

图 0-4　元器件选择界面

2）在“关键字”栏中重新输入 7SEG，双击“7SEG-MPX6-CA”，将“7SEG-MPX6-CA”(6 位七段 LED 数码管) 添加到对象选择器窗口。

3）在“关键字”栏中重新输入 RES，双击“RES”将“电阻”添加到对象选择器窗口。

以上三步完成后在对象选择器窗口会出现如图 0-5 所示内容。单击每个元器件，在上面的预览窗口会显示相应的元器件实物图。此时，要注意在绘图工具栏中的元器件按钮 应处于选中状态。

图 0-5　对象选择器窗口

4）在对象选择器窗口中，选中 AT89C51，将光标置于图形编辑窗口该对象要放置的位置单击，AT89C51 就完成放置。同理，将 7SEG-MPX6-CA 和 RES 放置到图形编辑窗口中对应的位置，如图 0-6 所示。此图有 8 个电阻，每放置一个电阻后标号会自动加 1。如果需要重复放置某元器件，也可以先选中该元器件，然后单击块复制按钮，就可以实现元器件的复制，复制完成后按 ESC 键即可。若某对象位置需要移动，可将光标移到该对象上单击，该对象的颜色变至红色，表明该对象已被选中，按住鼠标左键进行拖动，将对象移至新位置后，松开鼠标左键，完成移动操作。

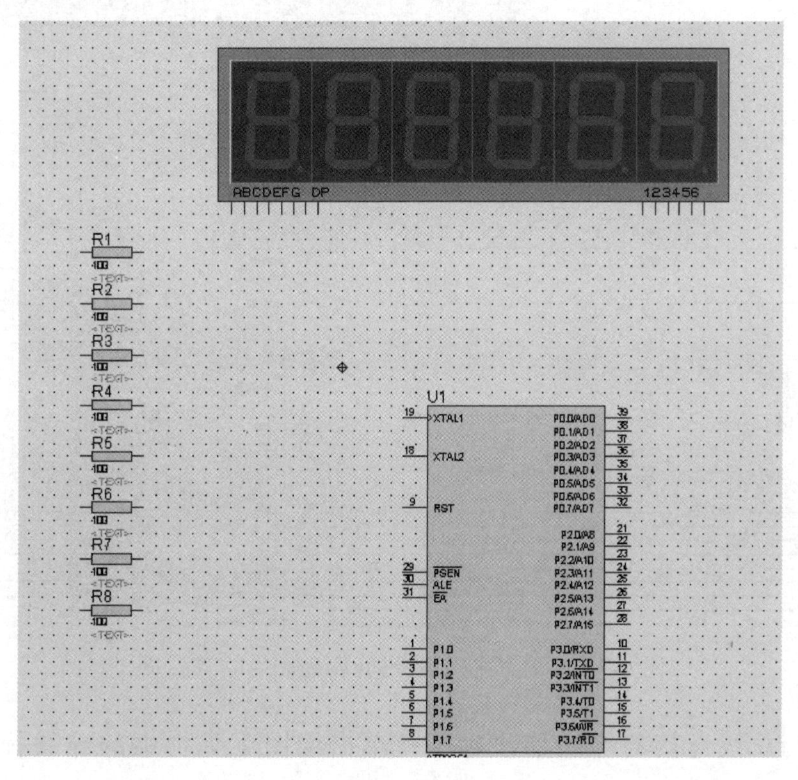

图 0-6　单片机控制数码管原理图——放置元器件图

5）画总线。单击绘图工具栏中的总线按钮进行总线绘制，将光标置于图形编辑窗口单击，确定总线的起点，移动光标，屏幕出现蓝色粗直线，找到总线的终点位置双击，完成画总线操作。

6）元器件之间进行连线。Proteus 软件能够智能化地检测需要画线的位置，把光标移动到元器件的某个引脚，该引脚会出现一个红色的小方框，表明已经捕捉到了该节点，单击并拖动光标会有一条绿色的线跟着光标移动，把光标移动到需要连接的另外元器件的引脚，该引脚也会出现一个红色的小方框，双击后连线就完成了。图标代表线路自动规划路径功能，如果选中图标，线形由直线自动变成了 90°的折线，取消此功能线路就不会自动进行 90°打折。连线后的原理图如图 0-7 所示。

7）元器件与总线的连线。一般画斜线表示分支线，来区分一般的导线，此时只需在想要加拐点处单击即可，如图 0-7 所示。

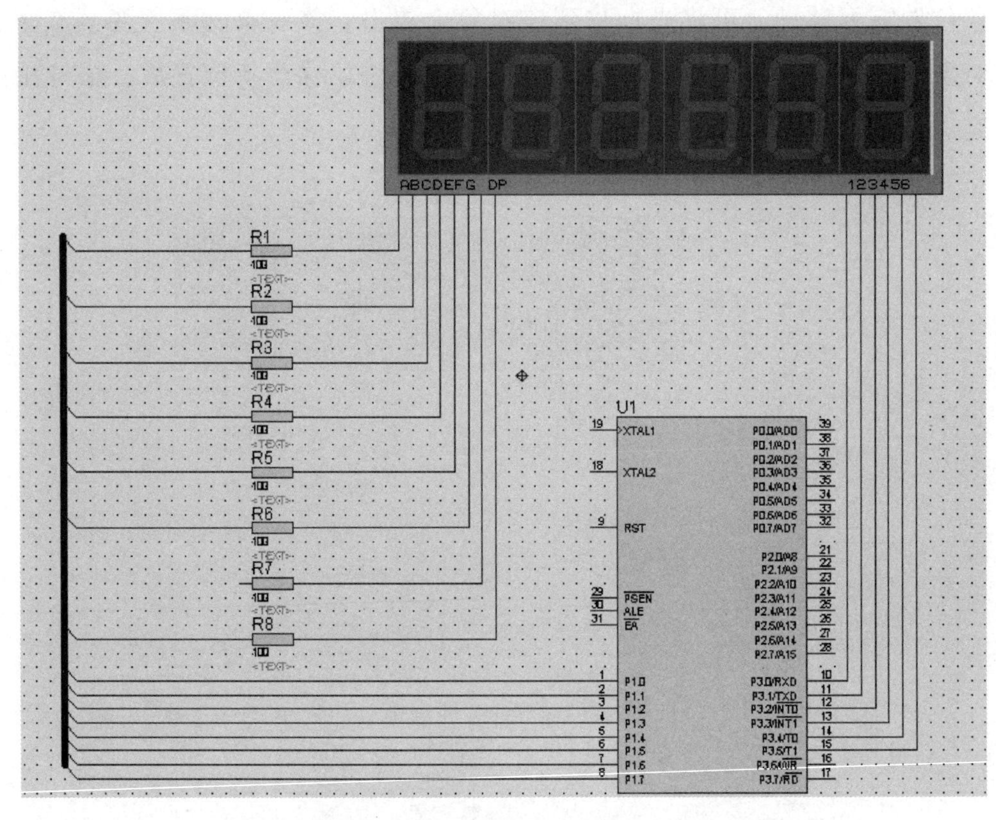

图 0-7　单片机控制数码管原理图——连线图

8）给与总线连接的导线加注标签。单击绘图工具栏中的导线标签按钮，使之处于选中状态。将光标置于图形编辑窗口的欲标标签的导线上，就会出现一个“×”，如图 0-8 所示。

此时表明已找到了可以标注的导线，单击弹出编辑导线标签窗口，如图 0-9 所示。

在“标号”栏中输入标签名（见图 0-9），单击“确定”按钮，结束对该导线的标签标定。同理，可以标注其他导线的标签，如图 0-10 所示。在标定导线标签的过程中，相互接通的导线必须标注相同的标签名。

至此，整个电路图绘制完成。

2. Keil 软件和 Proteus 的联合调试

1）确保 Keil 软件与 Proteus 均已正确安装在 C：\Program Files 目录里，把 C：\Program Files\Labcenter Electronics\Proteus 7 Professional\MODELS\VDM51. dll 文件复制到 C：\Program Files\keilC\C51\BIN 目录中。

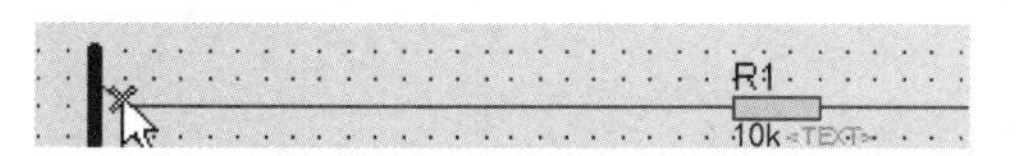

图 0-8　导线选择示例图

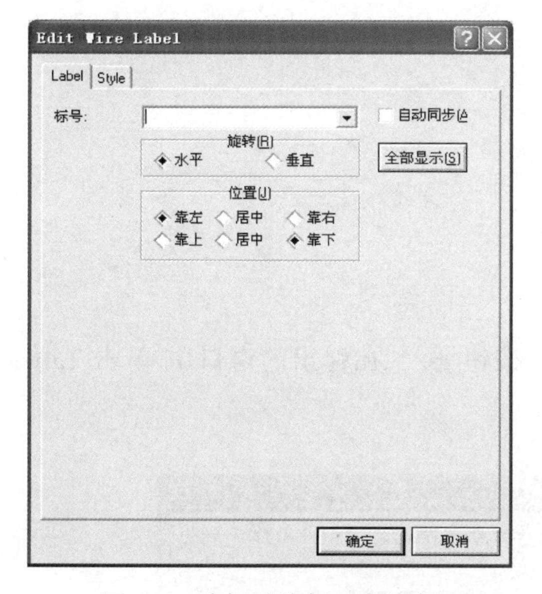

图 0-9　编辑导线标签对话框

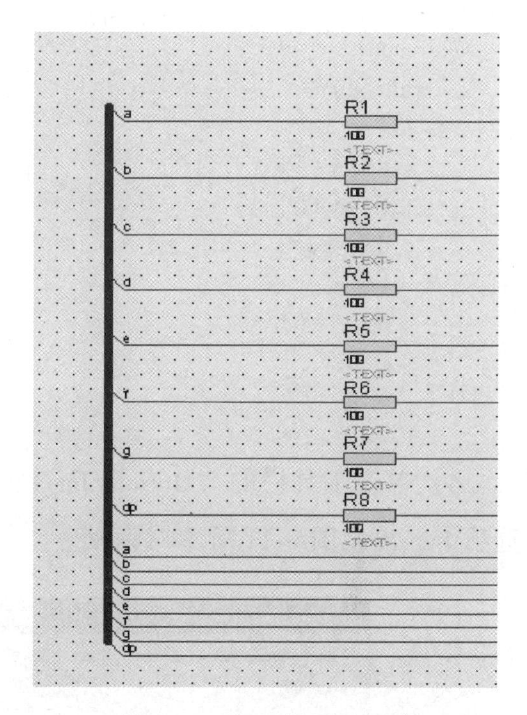

图 0-10　相互接通的导线标注相同的标签名示例图

2）用记事本打开 C：\Program Files\keilC\C51\TOOLS. INI 文件，在［C51］栏目下加入：

TDRV3=BIN\VDM51. DLL（“Proteus VSM Monitor-51 Driver”）

其中“TDRV3”中的“3”要根据实际情况填写，不要和原来的相同。

（步骤 1 和 2 只需在初次使用时设置。）

3）进入 Keil C51 μVision2 开发集成环境，创建一个新工程项目，并为该项目选定芯片 AT89C51。接着为该项目加入源程序，源程序如下：

```
#include<reg51. h>
#define uint unsigned int
#define uchar unsigned char
uchar i;
uchar code wei[ ] = {0x01,0x02,0x04,0x08,0x10,0x20};
uchar code table[ ] = {0xc0,0xF9,0xA4,0xB0,0x99,//0-4
                      0x92,0x82,0xF8,0x80,0x90};//5-9
void delay(uint z)
{
    uint x,y;
    for(x=z;x>0;x--)
```

```
        for(y=110;y>0;y--);
}
void main()
{   while(1)
    {
        P3=wei[i];
        P1=table[i];
        delay(2);
        i++;
        if(i==6)
        i=0;
    }
}
```

4）单击工具栏的“Options for Target”按钮，在弹出的窗口中单击 Target 选项卡，出现图 0-11 所示对话框。

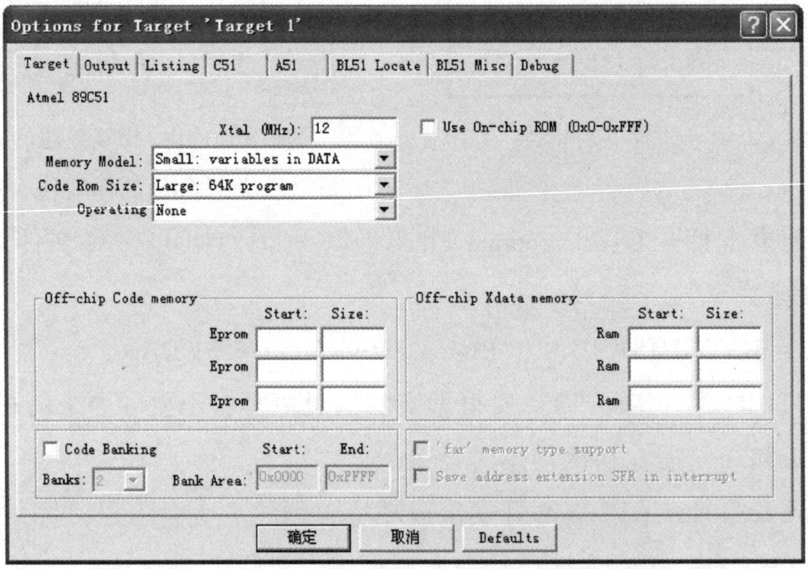

图 0-11　项目设置对话框

单击 Output 选项卡，勾选 Create HEX File 选项，如图 0-12 所示。

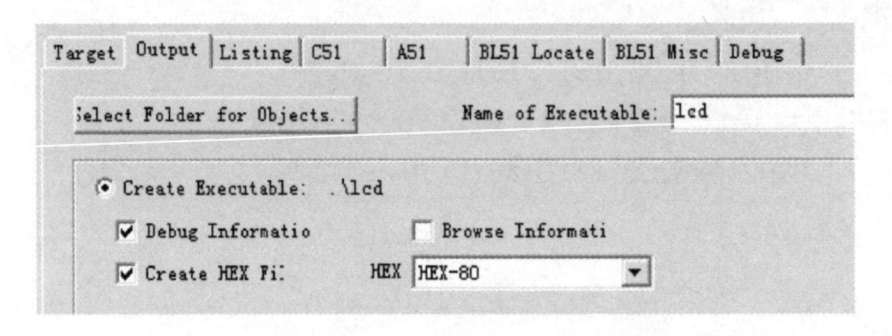

图 0-12　项目输出选择对话框

接着单击 Debug 选项卡，在出现的对话框右上部的下拉菜单里选中 Proteus VSM Monitor-51 Driver。同时还要单击选中 Use 项，如图 0-13 所示。

再单击 Setting 按钮，设置通信接口，在 Host 后面的文本框中输入“127.0.0.1”，如果使用的不是同一台计算机，需在这里添上另一台计算机的 IP 地址(该计算机也应安装 Proteus 软件)。在 Port 后面的文本框中输入“8000”。设置好的情形如图 0-14 所示，单击“OK”按钮即可。

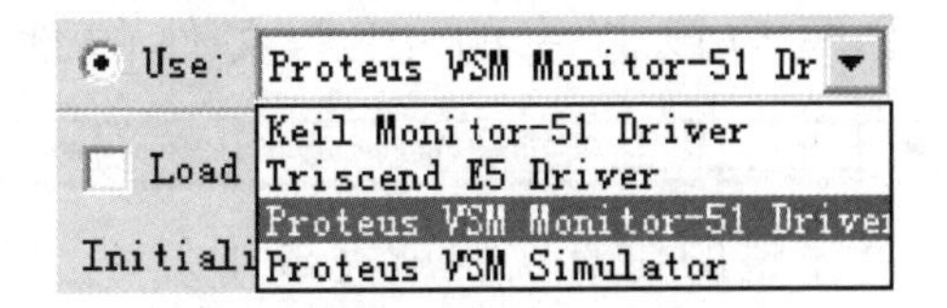

图 0-13　调试工具选择对话框

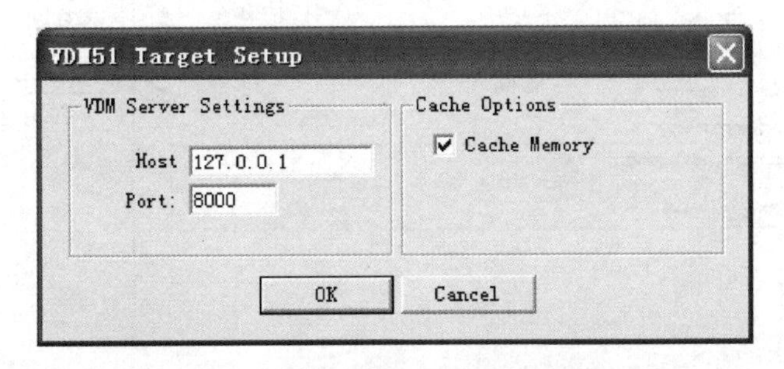

图 0-14　通信端口设置对话框

最后对工程进行编译，单击图标进入调试状态，单击中右边按钮即可运行。此时 Proteus 软件的电路图出现如图 0-15 所示的效果。

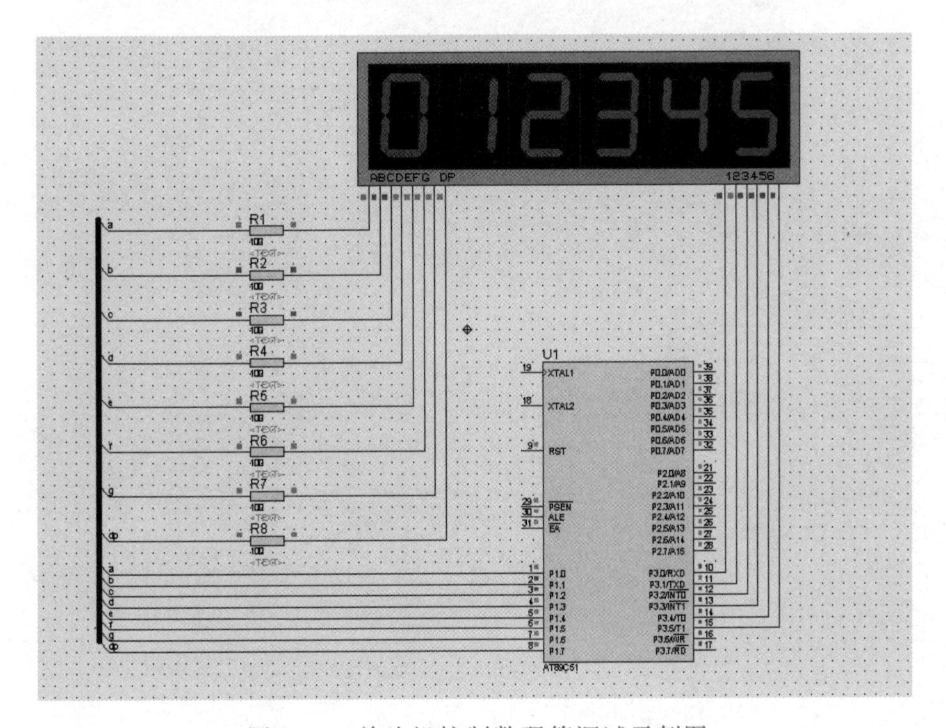

图 0-15　单片机控制数码管调试示例图

也可以直接在 Proteus 软件中单击 AT89C51 芯片，弹出如图 0-16 所示对话框。

单击 Program File: ..\..\..\..\Documents and Settir 中的文件夹图标，选择驱动该芯片的 HEX 文件的地址，单击“确定”按钮，然后单击图标 13 Message(s) Root sheet 1 中的“运行”按钮也可以实现仿真。至此，一个完整的仿真实验就完成了。

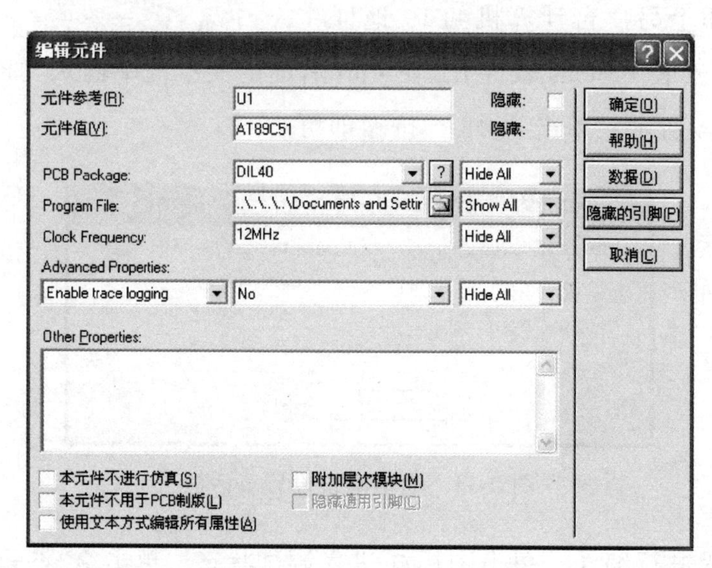

图 0-16 “编辑元件”对话框

项目一

单片机控制发光二极管

学习目标

一、技能目标

1. 能用 Proteus 绘制基本电路图。
2. 能正确使用 Proteus 进行仿真和调试。
3. 熟悉 C 语言的基本程序结构。
4. 能正确编写基本的 C 语言程序。

二、知识目标

1. 了解单片机的最小硬件系统。
2. 熟悉单片机外部引脚，特别是 I/O 口部分。
3. 掌握发光二极管的控制方法。
4. 掌握赋值语句以及 while、for 等循环语句的使用和数制知识。

任务一 控制单个发光二极管的亮与灭

通过本任务，了解单片机系统的开发过程，包括原理图的绘制、编程及仿真运行；了解并学习单片机的外部引脚，特别是 I/O 口部分，熟悉单个 I/O 口的使用和赋值语句。

【任务布置】

本任务的学习内容见表 1-1。

表 1-1 任务布置

任务名称	控制单个发光二极管的亮与灭	学习时间	2 学时
任务描述	硬件通电或复位后,P1.0 控制发光二极管点亮或熄灭		

【任务分析】

通过 P1.0 输出 0 或 1，即低电平或高电平，来控制发光二极管是点亮还是熄灭。

【任务实施】

根据任务分析，设计出硬件电路图，在 Proteus 上进行绘制，然后在 Keil 软件中采用 C 语言对单片机进行编程，再使用 Proteus 进行仿真和调试。

活动 1 绘制电路原理图

控制单个发光二极管的亮与灭的电路设计如图 1-1 所示，P1.0 为低电平，发光二极管发光；P1.0 为高电平，发光二极管熄灭。与发光二极管相连接的电阻 R1，起到限流作用，防止发光二极管因电流过大被烧坏。单片机引脚 19（XTAL1）、18（XTAL2）、9（RST）、31（$\overline{EA}$）所连接的电路是使单片机正常工作的最小硬件系统，这一部分会在后续项目中进行讲解。Proteus 软件对最小硬件系统进行了处理，所以在 Proteus 上模拟仿真单片机系统可以不设计最小硬件系统电路，如图 1-2 所示，单片机也可以正常工作。但是自己设计单片机硬件电路板时，一定要设计最小硬件系统电路。

图 1-1 和图 1-2 所示电路图中的元器件参数见表 1-2。

表 1-2 元器件参数

序号	元器件符号	元器件型号	备注	序号	元器件符号	元器件型号	备注
1	C1	电容	30pF	5	R1	电阻	470Ω
2	C2	电容	30pF	6	R2	电阻	1kΩ
3	C3	电解电容	10μF	7	D1	发光二极管	
4	X1	晶振	12MHz	8	U1	AT89C51	

注：发光二极管的标准文字符号为 VL。

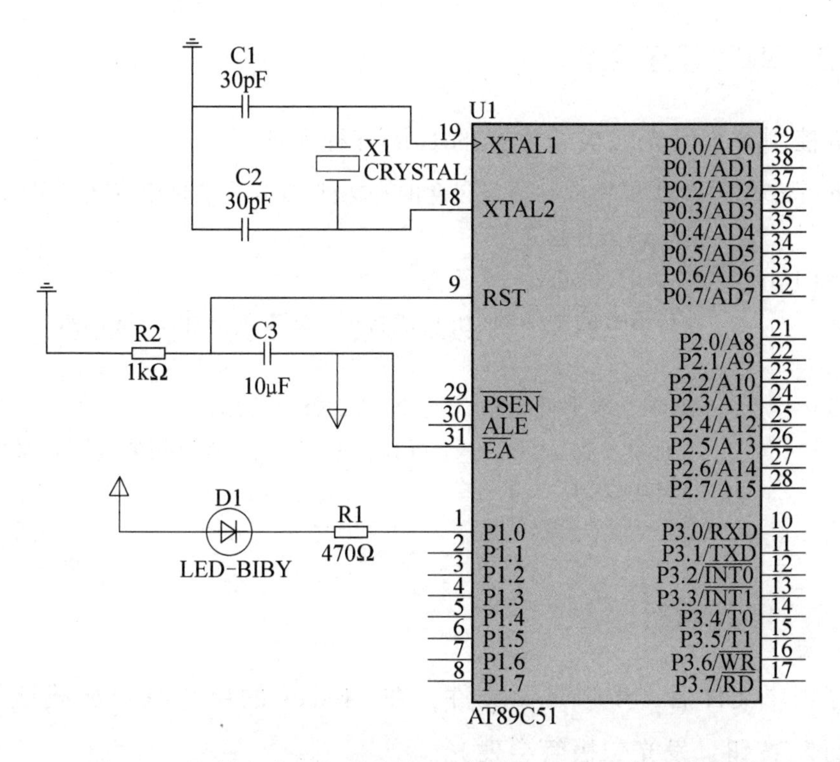

图 1-1　控制发光二极管硬件（含最小硬件系统）电路图

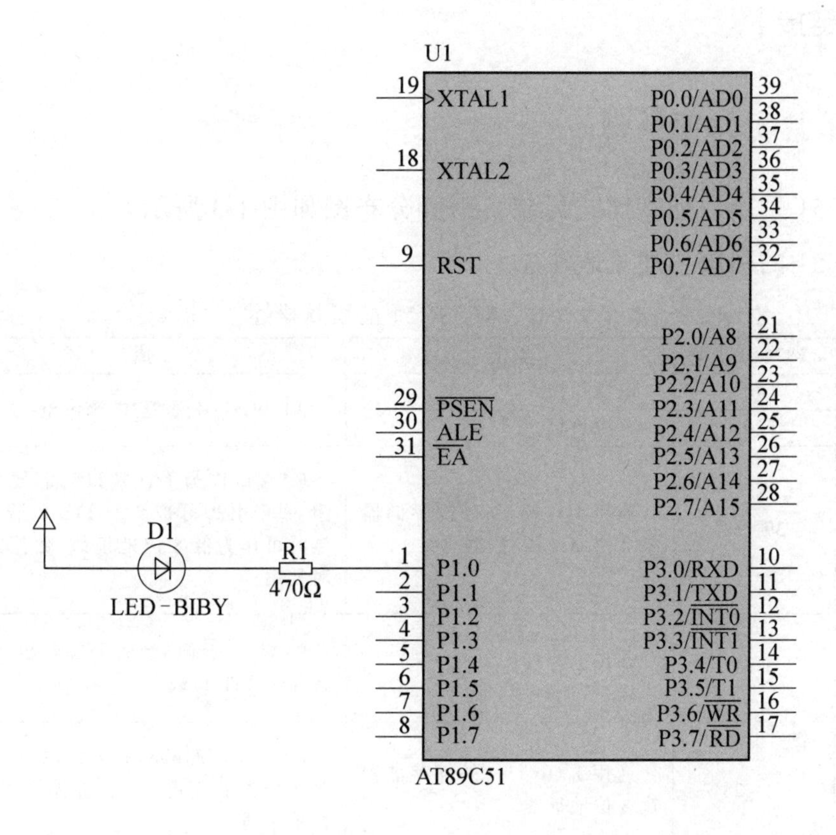

图 1-2　控制发光二极管硬件（不含最小硬件系统）电路图

活动 2 编写程序文件

单片机控制单个发光二极管发光的 C 语言程序如下：

```
#include<reg51.h>//51 单片机 C 语言包含的头文件，在这个文件中定义了引脚、寄存器等
                  //一些硬件信息
sbit led=P1^0;    //为 P1.0 定义一个变量
void main()       //C 语言的主函数，在 C 语言中一定要有一个 main 函数
{
  led=0;          //P1.0 输出低电平，即使发光二极管发光
  while(1);       //使单片机运行在一个可预见的程序中，该语句的具体含义会在后续项
                  //目中学习
}
```

活动 3 仿真运行

编写好程序文件后，生成 hex 文件，在 Proteus 的单片机中加载该 hex 文件，单击“运行”按钮，发光二极管会发光。

【知识链接】

一、单片机外部引脚

AT89C51 采用双列直插式封装，引脚分布图如图 1-3 所示。

AT89C51 的引脚描述见表 1-3。

表 1-3 AT89C51 的引脚描述

引脚名称	AT89C51 引脚	类型	描述
VCC	40	电源正极	AT89C51 采用 5V 电源供电
GND	20	电源负极	
P0.0~P0.7	39~32	通用 I/O 端口、外部存储器低 8 位地址线/数据总线	P0 端口作为 I/O 端口时需要外接上拉电阻，每个引脚可带 8 个 TTL 负载。外扩存储器时可作为低 8 位地址线/数据总线进行分时复用
P1.0~P1.7	1~8	通用 I/O 端口	P1 端口内部已经有上拉电阻，每个引脚可带 4 个 TTL 负载
P2.0~P2.7	21~28	通用 I/O 端口、外部存储器高 8 位地址线	P2 端口内部已经有上拉电阻，每个引脚可带 4 个 TTL 负载。外扩存储器时可作为高 8 位地址线

（续）

引脚名称	AT89C51 引脚	类型	描　述
P3.0～P3.7	10～17	除做通用 I/O 端口外，还具有第二功能	P3 端口内部已经有上拉电阻，每个引脚可带 4 个 TTL 负载。第二功能如下： P3.0(RXD)串行数据接收端口 P3.1(TXD)串行数据发送端口 P3.2($\overline{INT0}$)外部中断 0 输入 P3.3($\overline{INT1}$)外部中断 1 输入 P3.4(T0)定时器/计数器 T0 的外部计数输入端 P3.5(T1)定时器/计数器 T1 的外部计数输入端 P3.6($\overline{WR}$)外部数据寄存器写片选端口 P3.7($\overline{RD}$)外部数据寄存器读片选端口
RST	9	复位信号输入端	当单片机启动后，该端口维持两个机器周期以上的高电平，单片机进入复位状态
ALE/$\overline{PROG}$	30		当访问外部存储器时，地址锁存允许的输出电平用于锁存地址的低位字节 在 FLASH 编程期间，此引脚用于输入编程脉冲
$\overline{PSEN}$	29		外部程序寄存器读片选信号。当单片机访问外部程序寄存器时，每个机器周期产生 2 个有效信号（负脉冲）
$\overline{EA}$/VPP	31	访问内部或外部程序寄存器选择信号	$\overline{EA}$ 端保持高电平时，单片机从 0000H 单元启动，执行内部程序存储器程序，并可自动执行外部存储器中的程序 $\overline{EA}$ 端保持低电平时，单片机执行外部存储器中的程序
XTAL1	19	片内振荡电路的输入端	外部晶振或外部振荡器引脚，负责为单片机的运行提供时钟振荡器
XTAL2	18	片内振荡电路的输出端	

二、赋值语句

赋值语句的作用是将一个数据或表达式的值赋给一个变量，赋值语句的格式如下：

变量名=表达式；

其中“=”为赋值号，赋值语句一般有以下几种形式：

1）i=5；{赋予变量 i 常数值}

2）i=a；{将变量 a 里存储的数据赋予变量 i}

3）i=a+b%5；{将右边表达式的计算结果的值赋予变量 i}

4）i=‘a’；{将字符 a 的 ASCII 码编号值赋予变量 i}

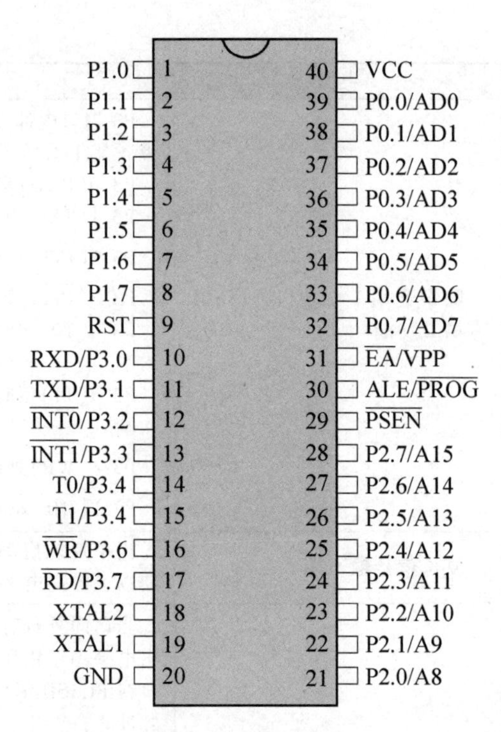

图 1-3 AT89C51 单片机引脚分布图

复合赋值语句：在赋值符“=”之前加上其他运算符，便构成复合运算符。

在 C 语言中常见的 10 种复合运算符见表 1-4。

表 1-4 复合运算符

+=	-=	*=	/=	%=
>>=	<<=	&=	^=	|=

例如：a+=9　　等价于 a=a+9；

b|=a　　等价于 b=b|a

x/=y+5　等价于 x=x/（y+5）

【技能增值及评价】

通过本项目的学习，你的单片机知识和操作技能肯定有极大的提高，请花一点时间加以总结，看看自己在哪些方面得到了提升，哪些方面仍需加油，在自我评价的基础上，还可以让教师或同学进行评价，这样的评价更客观，请填写表 1-5。

表 1-5 技能增值及评价表

评价方向	评价内容	自我评价	小组评价
理论知识	51 单片机的引脚定义		

（续）

评价方向	评价内容	自我评价	小组评价
实操技能	采用单片机控制发光二极管熄灭： 1. 绘制单片机电路原理图正确，单片机能正常工作，得 40 分 2. 绘制发光二极管电路正确，得 10 分 3. 编写单片机程序正确，上电后控制发光二极管熄灭，得 50 分		
	采用单片机的其他引脚控制发光二极管发光： 1. 绘制单片机电路原理图正确，单片机能正常工作，得 40 分 2. 绘制发光二极管电路正确，得 10 分 3. 编写单片机程序正确，上电后控制发光二极管发光，得 50 分		

注：理论知识可以从“优秀”“一般”“仍需努力”方面进行评价。

任务二　控制单个发光二极管的闪烁

通过本任务，学习循环语句（for 语句，while 语句）的语法以及在单片机编程中的运用；了解函数的定义和作用域，能调用函数进行单片机程序编写。

【任务布置】

本任务的学习内容见表 1-6。

表 1-6　任务布置

任务名称	控制单个发光二极管的闪烁	学习时间	2 学时
任务描述	硬件通电或复位后，P1.0 引脚控制 LED 灯实现亮和灭交替闪烁		

【任务分析】

通过 P1.0 循环发送 1（高电平）和 0（低电平），实现单个发光二极管（LED）灯有规律地亮与灭的交替闪烁。

【任务实施】

本任务的硬件电路图与任务一相同，因此可以调用任务一 Proteus 的硬件电路图进行实验，在 Keil C 上面使用函数进行程序编写，然后用 Proteus 进行仿真和调试。

活动 1　绘制电路原理图

控制单个发光二极管闪烁的电路图如图 1-4 所示，实验电路图中使用 P1.0 作为 LED 灯的控制引脚，LED 灯低电平点亮。

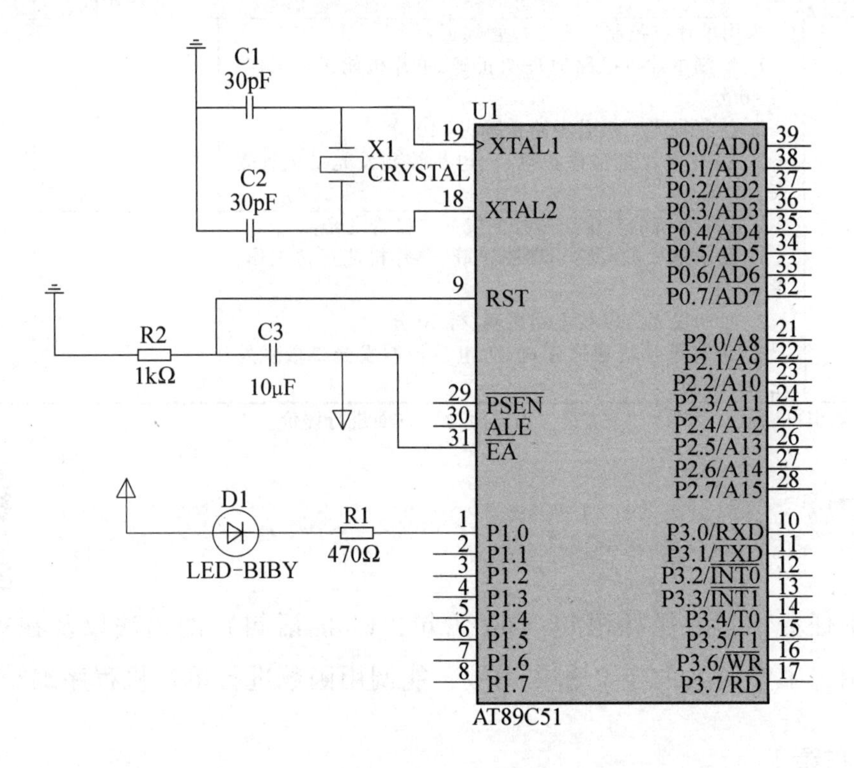

图 1-4 控制单个发光二极管闪烁的电路图（同图 1-1）

实验过程请注意以下两点：

1）灯的闪烁速度将由程序中的延时函数决定，延时时间越长，闪烁速度越慢。

2）延时时间过短，灯的闪烁速度超过了人眼的分辨能力时，我们就分辨不出 LED 灯的闪烁，这时候看到的 LED 灯是常亮状态（这与荧光灯原理是相同的）。

图 1-4 所示电路图中的元器件参数见表 1-7。

表 1-7 元器件参数

序号	元器件符号	元器件型号	备注	序号	元器件符号	元器件型号	备注
1	C1	电容	30pF	5	R1	电阻	470Ω
2	C2	电容	30pF	6	R2	电阻	1kΩ
3	C3	电解电容	10μF	7	D1	发光二极管	
4	X1	晶振	12MHz	8	U1	AT89C51	

注：发光二极管的标准文字符号为 VL。

活动 2　编写程序文件

单片机控制单盏 LED 灯闪烁的 C 语言程序如下：

```
#include<reg51.h>//51 单片机 C 语言包含的头文件,在这个文件中定义了引脚、寄存器等
                //一些硬件信息
#define uint unsigned int
sbit led=P1^0;    //单片机中不能给 P1^0 直接赋值,必须先给引脚定义一个变量名
delay(uint i)     //延时函数的定义,函数的定义与调用在任务知识链接中有具体的学习
                  //内容
{
uint x,y;
for (x=i;x>0;x--)
   for(y=110;y>0;y--);     //使用循环延时
}
void main()                //C 语言的主函数,告诉单片机程序执行的起始位置
{
     While(1)              //循环语句,使 LED 灯不停地闪烁,详见知识链接一
     {
          led= 0;          //引脚 P1^0 输出低电平
          delay(1000);     //延时函数的调用,函数的定义与调用详见知识链接二
          led= 1;          //引脚 P1^0 输出高电平。
          delay(1000);
     }
}
```

活动 3　仿真运行

编写好程序文件后，生成 hex 文件，在 Proteus 的单片机中加载该 hex 文件，运行后，单片机 P1.0 引脚上连接的 LED 灯会出现亮与灭的交替闪烁，改变延时函数的参数，观察 LED 灯的闪烁速度。

【知识链接】

一、循环 while 语句

while 语句属于循环语句中的当型循环结构，它有两种运行形式：

1. while（判别式）

```
{
```

循环体

}

先判定判别式的真假，判别式为真将会循环执行循环体，直到判别式判定为假。

例：

```
int i=10,x=0;
while(i>0)
{
x++;
i--;
}
```

循环体一共执行了 10 次 ，运行结果 i 为 0，x 为 10。

2．do

{

循环体

}

while（判别式）；

先执行循环体，然后辨别判别式的真假，若为真则循环执行循环体，直到判别式为假。

例：

```
int i=10,x=0;
do
{
x++;
i--;
} while(i>0);
```

循环体一共执行了 11 次 ，运行结果 i 为-1，x 为 11。

对比上述 while 语句的两种形式可以知道，当判别条件不成立的时候，形式 1 不执行循环体，而形式 2 则至少执行一次。同时，运用 while 语句时请注意以下两点：

1）若循环体只有一句语句，大括号可以省略；若循环体语句多于一条，必须要用大括号将其括起来。

2）循环体中要有改变判别式变量、使判别式走向不成立的操作语句，否则容易造成死循环。

二、函数的定义与调用

编写程序的时候，常常会出现功能一样或者重复的程序段，将这些程序段“封装”起来，并给它们分类起名，当有需要的时候就调用它们，这就是程序中的函数。

1. 函数的定义

函数定义是把函数的类型、名字、参数、函数体等信息告诉编译系统，在函数调用时系统将会对相应的信息进行调用和计算，定义格式如下：

函数类型　函数名（形式参数表）；

{　局部变量定义

　函数体}

例 1：定义一个函数，求两个整数的和。

```
 int   mun(int   x,int   y)
//定义了一个名为 mun()的函数,该函数类型为整型,有两个整型参数 x 和 y
{   int i;       //局部变量
    i=x+y;    //函数体
return i;
}
```

2. 函数的调用

在 C 语言编程中，函数功能的执行是通过函数的调用来实现的，调用的格式如下：

函数名（实参列表）；

例 2：调用例 1 的函数，对式子“66+88+23=”进行求和，存于变量 S 中。

```
    void main()
    {int a=66,b=88,c=23,S;
    S=mun(a,b);
    S=mun(c,S);
    }
```

【技能增值及评价】

通过本项目的学习，你的单片机知识和操作技能肯定有极大的提高，请花一点时间加以总结，看看自己在哪些方面得到了提升，哪些方面仍需加油，在自我评价的基础上，还可以让教师或同学进行评价，这样的评价更客观，请填写表 1-8。

表 1-8 技能增值及评价表

评价方向	评价内容	自我评价	小组评价
理论知识	函数的定义与调用		
实操技能	使用循环语句控制发光二极管不断闪烁： 1. 绘制单片机电路原理图正确，单片机能正常工作，得 30 分 2. 绘制发光二极管电路正确，得 10 分 3. 编写单片机程序正确，上电后能控制发光二极管熄灭，得 10 分 4. 编写单片机程序正确，上电后能控制发光二极管发光，得 10 分 5. 编写单片机程序正确，上电后能控制发光二极管闪烁，得 40 分		
	控制发光二极管的闪烁速度： 1. 绘制单片机电路原理图正确，单片机能正常工作，得 30 分 2. 绘制发光二极管电路正确，得 10 分 3. 编写单片机程序正确，上电后能控制发光二极管熄灭，得 10 分 4. 编写单片机程序正确，上电后能控制发光二极管发光，得 10 分 5. 编写单片机程序正确，上电后能控制发光二极管闪烁，得 30 分 6. 编写单片机程序正确，能控制发光二极管闪烁速度，得 10 分		

注：理论知识可以从“优秀”“一般”“仍需努力”方面进行评价。

任务三 控制多个发光二极管的闪烁

通过本任务，学会十六进制与二进制的相互转换；掌握单片机 I/O 口的输入与输出控制。

【任务布置】

本任务的学习内容见表 1-9。

表 1-9 任务布置

任务名称	控制多个发光二极管的闪烁	学习时间	2 学时
任务描述	硬件通电或复位后，用 P0 口控制 8 个 LED 灯隔盏交替闪烁		

【任务分析】

通过 I/O 口赋值，对 P0 口上的 8 位端口同时进行高低电平的控制，控制引脚上的 LED 灯交替闪烁。

【任务实施】

根据任务分析，设计出硬件电路图，在 Proteus 上进行绘制，然后在 Keil 软件中采用 C 语言对单片机进行编程，使用 Proteus 进行仿真和调试。

活动 1　绘制电路原理图

如图 1-5 所示，led0~led7 一端通过总线接至 P2 口的 P2.0~P2.7 引脚，另一端接 5V 电源，这种接法叫作共阳极接法，单片机输出 0，点亮 LED 灯；若 LED 灯的另一端一起接地，则称为共阴极接法，单片机输出 1，点亮 LED 灯。

工作原理：

当单片机引脚输出 1 时（约 5V），LED 灯两端电动势相同，无电流流过，故熄灭；当单片机引脚输出 0 时（约 0V），LED 灯两端有一个正向导通的 5V 电压，LED 灯点亮。其中，与 LED 灯串联的电阻可以防止 LED 灯因电流过大而被烧坏。

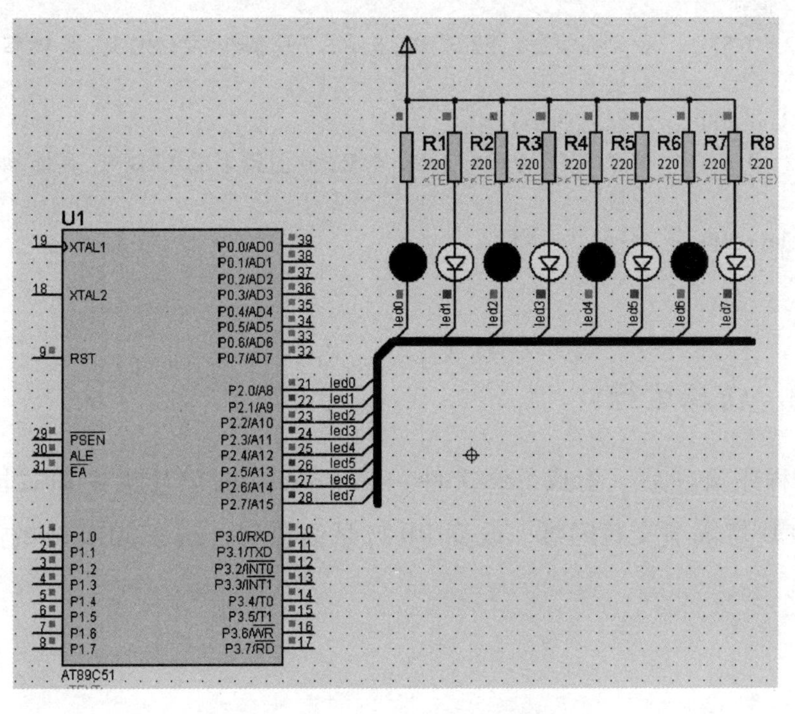

图 1-5　控制多个发光二极管闪烁

图 1-5 所示电路图中元器件参数见表 1-10。

表 1-10 元器件参数

序号	元器件符号	元器件型号	备 注
1	R1～R8	电阻	220Ω
2	led0～led7	发光二极管	
3	U1	AT89C51	

活动 2 编写程序文件

单片机控制 8 位 LED 灯隔盏闪烁的 C 语言程序如下：

```
#include <reg51. h>
#define uchar unsigned char
#define uint unsigned int
delay( uint i)          //  延时子程序
{
  uint x,y;
  for(x=i;x>0;x--) //for 语句循环,具体见知识链接二
     for(y=110;y>0;y--);
}
void main()
{
      while(1)
    {
      P2=0x55;    //点亮 P2.1、P2.3、P2.5、P2.7 引脚上的 LED 灯,具体参见知识链
                  //接一
      delay(500); //延时约半秒
      P2=0xaa;    //点亮 P2.0、P2.2、P2.4、P2.6 引脚上的 LED 灯,具体参见知识链
                  //接一
      delay(500); //延时约半秒
    }
}
```

活动 3 仿真运行

编写好程序文件后，生成 hex 文件，在 Proteus 的单片机中加载该 hex 文件，可观察到 LED 灯隔盏交替闪烁，改变 P0 口赋值语句，观察 LED 灯的变化。

【知识链接】

一、二进制数与十六进制数

二进制数：二进制数由 1 和 0 组成，逢二进一（权为 2），是计算机、可编程芯片运算中的基础数据。

十六进制数：十六进制数由 0、1、2、3、4、5、6、7、8、9、a、b、c、d、e、f 十六位数码组成，逢十六进一（权为 16），在程序中会在数码前加上 0x 使十六进制符号与其他数据区分开来。

1. 二进制数转换为十六进制数

二进制数转换为十六进制数分为以下几个步骤：

将二进制数从个位数开始以 4 个为一组划分开。

将划分开的每一组二进制数转换为对应的十六进制数，见表 1-11。

表 1-11　二进制和十六进制转化表

二进制	十六进制	二进制	十六进制
0000	0	1000	8
0001	1	1001	9
0010	2	1010	A
0011	3	1011	B
0100	4	1100	C
0101	5	1101	D
0110	6	1110	E
0111	7	1111	F

例：将 10101101101100 转换为十六进制数。

第一步：将二进制数 10101101101100 以四位为一组划分，划分如下：

10　1011　0110　1100

第二步：将每一组二进制数转换为十六进制数：

10　1011　0110　1100

↓　↓　↓　↓

2　B　6　C

因此，二进制数 10101101101100 转换为十六进制数的结果为 0x2B6C。

2. 十六进制数转换为二进制数

十六进制数转换为二进制数的过程与二进制数转换为十六进制数过程

互逆。

例：将 0xDE67 转换为二进制数。

第一步：将每一位十六进制数 0xDE67 转换为对应的二进制数。

D　　E　　6　　7

↓　　↓　　↓　　↓

1101　1110　0110　0111

第二步：将每一组转换的四位二进制数组合成二进制数。

1101　1110　0110　0111

⇩

1101111001100111

因此，十六进制数 0xDE67 转换为二进制数是 1101111001100111。

二、for 循环语句

for 循环语句的效果与 while 语句等同，由于使用方便，因此在单片机 C 语言编程中得到众多编程者的青睐，它的使用格式如下：

for（表达式 1；表达式 2；表达式 3）

{　循环体　；　　}

表达式 1：给循环变量赋予一个初值。

表达式 2：一般是逻辑表达式，若判定为真，则执行循环体；若为假，则跳过循环体执行后面的语句。

表达式 3：每当循环体执行完一遍，将会执行一次表达式 3，然后再执行表达式 2 判定是否执行下一次循环。表达式 3 一般是改变循环变量的操作语句，作用是使得循环“走向”结束。

例：算出从 1 加到 100 的和，并将之存于变量 S 中。

```
void main()
{int i,S;
for(i=0;i<101;i++)
{S+=i;
}

}
```

【技能增值及评价】

通过本项目的学习，你的单片机知识和操作技能肯定有极大的提高，请花一点时间加以总结，看看自己在哪些方面得到了提升，哪些方面仍需加油，在自我评价的基础上，还可以让教师或同学进行评价，这样的评价更客观，请填写表 1-12。

表 1-12　技能增值及评价表

评价方向	评价内容	自我评价	小组评价
理论知识	能对二进制数、十进制数、十六进制数进行换算		
实操技能	运用 I/O 口赋值实现 8 个 LED 灯交替闪烁： 1. 绘制单片机电路原理图正确，单片机能正常工作，得 30 分 2. 绘制发光二极管电路正确，得 10 分 3. 编写单片机程序正确，上电后能控制发光二极管熄灭，得 10 分 4. 编写单片机程序正确，上电后能控制发光二极管发光，得 10 分 5. 编写单片机程序正确，上电后能控制发光二极管闪烁，得 20 分 6. 编写单片机程序正确，上电后能控制发光二极管交替闪烁，得 20 分		

注：理论知识可以从“优秀”“一般”“仍需努力”方面进行评价。

任务四　控制流水灯

通过本任务，掌握运用数组、循环语句控制 LED 灯实现流水灯（跑马灯）的简单算法；了解单片机最小系统的结构与原理。

【任务布置】

本任务的学习内容见表 1-13。

表 1-13　任务布置

任务名称	控制流水灯	学习时间	2 学时
任务描述	运用数组、循环语句的简单算法实现流水灯		

【任务分析】

1. 计算出流水灯每一个状态 LED 的十六进制代码，将之按顺序填入数组中。
2. 将数组中的数据依次从 I/O 口输出，控制点亮 LED 灯。

【任务实施】

根据任务分析，设计出硬件电路图，在 Proteus 上进行绘制，然后在 Keil 软件中采用 C 语言对单片机进行编程，使用 Proteus 进行仿真和调试。

活动 1　绘制电路原理图

绘制流水灯电路原理图，如图 1-6 所示。

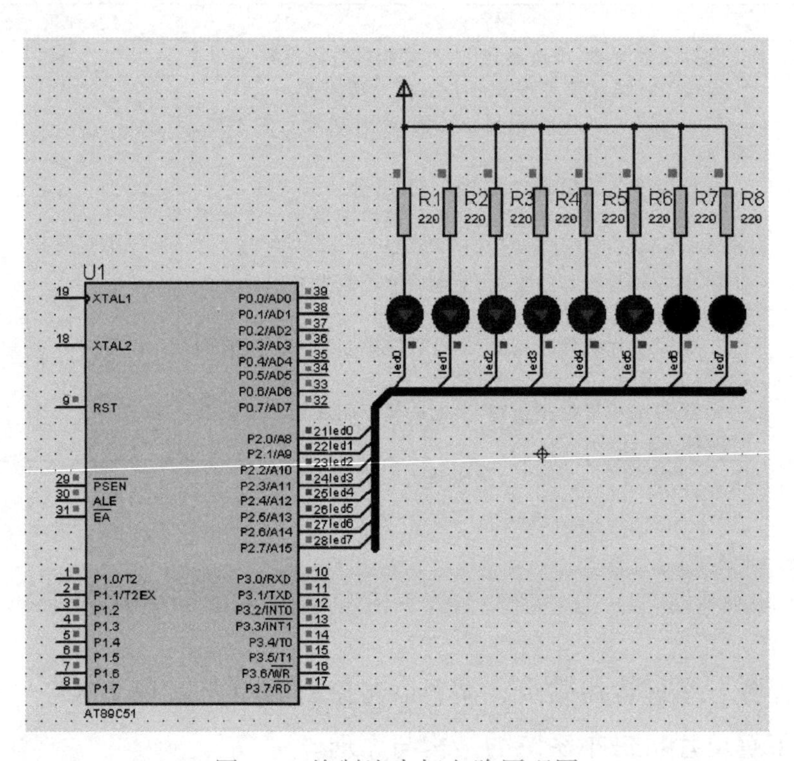

图 1-6　绘制流水灯电路原理图

图 1-6 所示电路图中的元器件参数见表 1-14。

表 1-14　元器件参数

序号	元器件符号	元器件型号	备注
1	R1～R8	电阻	220Ω
2	led0～led7	发光二极管	
3	U1	AT89C51	

活动 2　编写程序文件

单片机控制流水灯的 C 语言程序如下：

```
#include <reg52.h>
#include<intrins.h>
#define uchar unsigned char
#define uint  unsigned int
uchar code led[ ] = {0xff,0xfe,0xfc ,0xf8,0xf0,0xe0,0xc0,0x80,0x00};
//数组用于存放 LED 流水灯的数据信息,详见知识链接一
delay(uint i)
{
     uint x,y;
     for (x=i;x>0;x--)
        for(y=110;y>0;y--);
}
void main( )
{
   uint i;
while(1)                    //无限循环,使流水灯完成一遍显示后,自动进入下一遍
   {
     for(i=0;i<=8;i++)
     {
        P2=led[i];  //将第 i 次的流水灯数据信息从 P2 口输出
        delay(500);  //延时约 0.5s
     }
   }
}
```

活动 3　仿真运行

编写好程序文件后，生成 hex 文件，在 Proteus 的单片机中加载该 hex 文件，可观察到 LED 灯从 P2.0 至 P2.7 逐盏递增点亮。

【知识链接】

一、数组

1. 数组的定义

所谓数组，就是相同数据类型的元素按照一定顺序排列的集合。在 C 语言中使用数组必须要进行类型说明，数据说明的一般形式为：

类型说明符 数组名 [常量表达式]

其中说明符是任一种基本数据类型，数组名是用户定义的数组标示符。方括

号中的常量表达式表示数据元素的个数，也称为数组的长度。

举例：int a[5]；说明整型数组 a，有 5 个元素。

float a[8]，b[6]；说明实型数组 a 有 8 个元素，实型数组 b 有 6 个元素。

uchar code table[20]；说明放在 code 区的无符号字符数组 table 有 20 个元素。

注意：table[0] 为数组的第一个元素，其余为 table[1]，…，table[19] 共 20 个元素。

2. 数组类型的定义与规则

1）数组的类型实际上是指数组元素的取值类型，其所有元素的数据类型都是相同的。

2）数组名的书写规则应符合标示符的书写规定。

3）数组名不能与其他变量名相同，例如：

```
void main( )
{
  int b;
  float b[5];
  ……
}
```

上述写法是错误的！

4）方括号中的常量表达式表示数组元素的个数，如 b[3] 表示数组 b 中有 3 个元素，它的下标应该从 0 开始计算，它的三个元素依次是 b[0]，b[1]，b[2]。常量表达式也可以省略，但是数组中的元素的下标依然从零算起。

5）允许在同一个类型说明中说明多个数组和多个变量。例如：int a，b，c，a1 [ ]。

3. 二维数组

二维数组类型说明的形式一般表示如下：

类型说明符 数组名 [常量表达式 1] [常量表达式 2] …；其中常量表达式 1 表示第一维下标的长度，常量表达式 2 表示第二维下标的长度。例如：

uchar b[3][4] 表示一个三行四列的数组，数组的名称为 b，其下标变量的类型为无符号字符型，该数组的下标变量共有 12 个，分别为：

b[0][0],b[0][1],b[0][2],b[0][3]

b[1][0],b[1][1],b[1][2],b[1][3]

b[2][0],b[2][1],b[2][2],b[2][3]

数组定义为 uchar 类型，该类型占一个字节的存储空间，所以每个元素均占有一个字节。

二、单片机最小系统

（1）应用 AT89C51（52）单片机设计并制作一个单片机最小系统，一般有如下基本要求：

1）具有上电复位和手动复位功能。

2）有单片机晶体振荡电路。

3）使用片内程序存储器存储执行程序。

4）具有基本的人机交互功能，并具有一定的 I/O 口可扩展性。

（2）单片机最小功能原理图如图 1-7 所示。

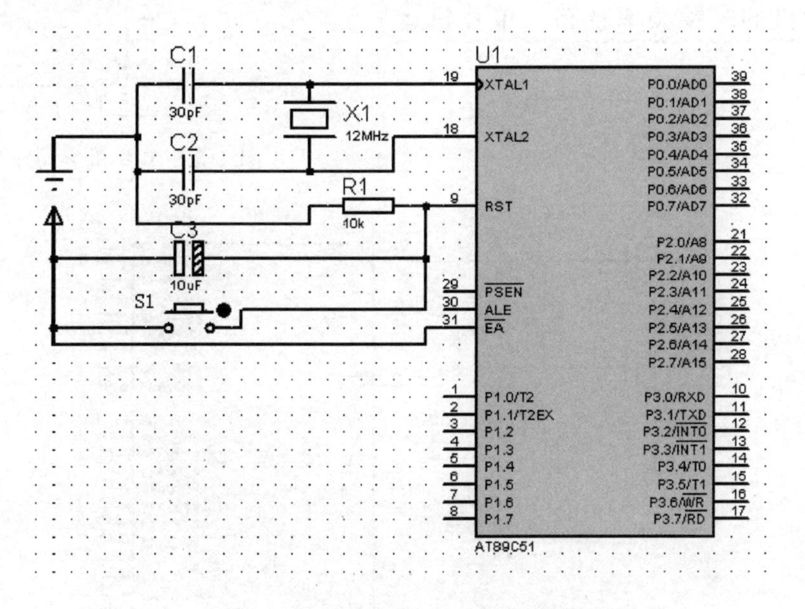

图 1-7　单片机最小功能原理图

主要电路介绍如下：

① 复位电路。

在单片机 RST 引脚输入一个一定时间的高电平，可以使单片机重新运行程序，复位方式分为上电复位和手动复位两种。

上电复位：如图 1-8 所示，电源上电时，电容 C1 开始充电，在电阻 R2 上出现高电平电压（3.3~5V），使得单片机复位；电容在几毫秒充满电后，电阻 R2 上电流降为 0，电压也随之降为 0，单片机进入工作状态。

手动复位：当单片机出现程序“跑飞”或者死循环的状态时，按下按钮，电容C1通过按钮形成的回路放电，其中电阻R1可以有效防止放电电流过大，起到保护电路的作用；当按钮松开的时候，电容充电，电路重复上电复位的工作过程，单片机复位。

② 单片机晶体振荡电路。

单片机晶体振荡电路如图1-9所示，12MHz晶振、电容C1、电容C2与单片机内部电路一起产生单片机工作所需的时钟频率。单片机的时钟频率越高，单片机运算速度越快。

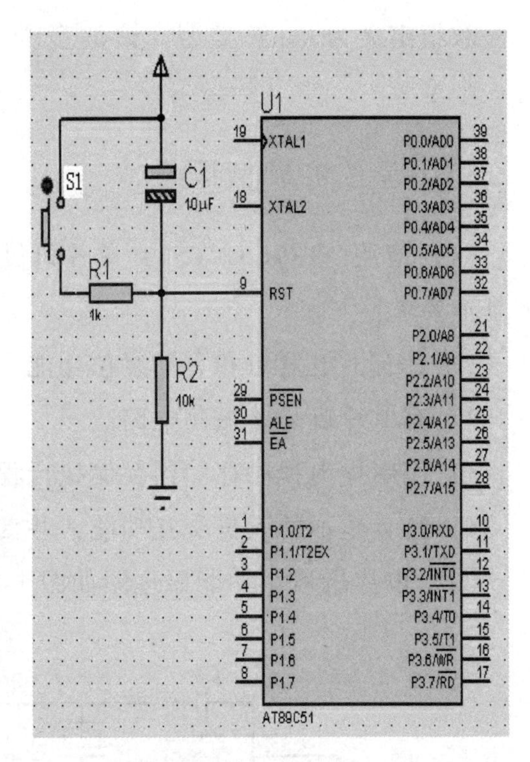

图1-8 单片机复位电路

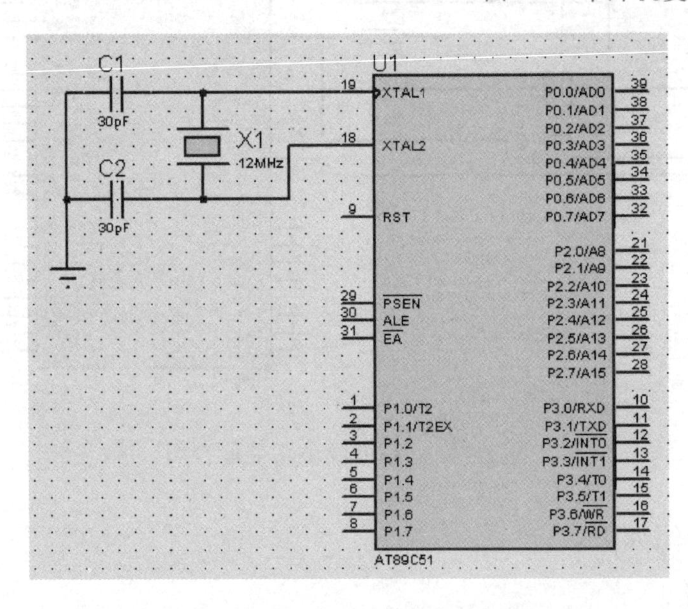

图1-9 单片机晶体振荡电路

【技能增值及评价】

通过本项目的学习，你的单片机知识和操作技能肯定有极大的提高，请花一点时间加以总结，看看自己在哪些方面得到了提升，哪些方面仍需加油，在自我评价的基础上，还可以让教师或同学进行评价，这样的评价更客观，请填写表 1-15。

表 1-15　技能增值及评价表

评价方向	评价内容	自我评价	小组评价
理论知识	介绍数组的概念		
实操技能	利用数组、循环语句简单的算法实现流水灯： 1. 绘制单片机电路原理图正确，单片机能正常工作，得 10 分 2. 绘制发光二极管电路正确，得 10 分 3. 编写单片机程序正确，上电后能控制发光二极管熄灭，得 10 分 4. 编写单片机程序正确，上电后能控制发光二极管发光，得 10 分 5. 编写单片机程序正确，上电后能控制发光二极管闪烁，得 15 分 6. 编写单片机程序正确，上电后能控制发光二极管交替闪烁，得 15 分 7. 会使用数组编写程序，得 20 分 8. 会使用循环语句编写程序，得 20 分 9. 编写程序正确，实现流水灯，得 20 分		
	流水灯“流”完一遍后，能自动进行下一遍的显示： 1. 绘制单片机电路原理图正确，单片机能正常工作，得 10 分 2. 绘制发光二极管电路正确，得 10 分 3. 编写单片机程序正确，上电后能控制发光二极管熄灭，得 10 分 4. 编写单片机程序正确，上电后能控制发光二极管发光，得 10 分 5. 编写单片机程序正确，上电后能控制发光二极管闪烁，得 10 分 6. 编写单片机程序正确，上电后能控制发光二极管交替闪烁，得 10 分 7. 会使用数组编写程序，得 10 分 8. 会使用循环语句编写程序，得 10 分 9. 编写程序正确，实现流水灯，得 10 分 10. 编写程序正确，能够实现循环流水灯，得 10 分		

注：理论知识可以从“优秀”“一般”“仍需努力”方面进行评价。

项目二

制作数码管显示时钟

一、技能目标

1. 能用 Proteus 绘制基本电路图。
2. 能正确使用 Proteus 进行仿真和调试。
3. 能用单片机制作一个简易电子时钟。

二、知识目标

1. 熟悉 C 语言的数据类型。
2. 掌握 C 语言数组的应用，函数参数的传递，局部变量和全局变量的应用。
3. 学会使用单片机的定时器。
4. 掌握算术运算符和逻辑运算符。

任务一　控制单个数码管显示

通过本任务，了解如何运用单片机控制单个七段数码管显示 0~9 十个数字。

【任务布置】

本任务的学习内容见表 2-1。

表 2-1　任务布置

任务名称	控制单个数码管显示	学习时间	2 学时
任务描述	硬件通电或复位后,P1 口 8 个位控制 1 个共阳极数码管显示数字 0~9		

【任务分析】

通过 P1 口各个位输出 0 或 1，即低电平或高电平，来控制共阳极七段数码管的各个段亮还是灭，从而来显示不同的数字。

【任务实施】

根据任务分析，设计出硬件电路图，在 Proteus 上进行绘制，然后在 Keil 软件中采用 C 语言对单片机进行编程，使用 Proteus 进行仿真和调试。

活动 1　绘制电路原理图

控制七段数码管硬件（不含最小硬件系统）电路图如图 2-1 所示。

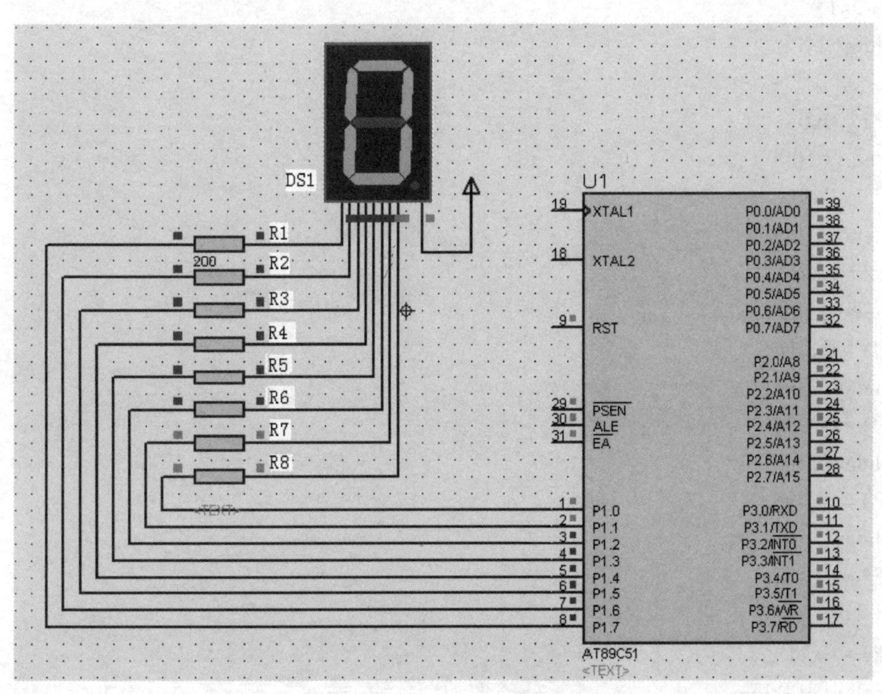

图 2-1　控制七段数码管硬件（不含最小硬件系统）电路图

图 2-1 所示电路图中的元器件参数见表 2-2。

表 2-2 元器件参数

序号	元器件符号	元器件型号	备注
1	R1~R8	电阻	200Ω
2	DS1	1位数码管	
3	U1	AT89C51	

活动 2 编写程序文件

单片机控制单个七段数码管显示 0~9 的 C 语言程序如下：

```
#include<reg51.h>
#define uint unsigned int      //宏定义,在后面的程序中用 uint 代替 unsigned int
#define uchar unsigned char
void delay(uint z)
{
  uint x,y;
  for(x=z;x>0;x--)
    for(y=110;y>0;y--);
}
void main()
{  while(1)
  {
    P1=0x03;
    delay(1000);
    P1=0x9f;
    delay(1000);
    P1=0x25;
    delay(1000);
    P1=0x0D;
    delay(1000);
    P1=0x99;
    delay(1000);
    P1=0x49;
    delay(1000);
    P1=0x41;
    delay(1000);
    P1=0x1F;
    delay(1000);
    P1=0x01;
    delay(1000);
    P1=0x09;
    delay(1000);
  }
}
```

活动 3　仿真运行

编写好程序文件后，生成 hex 文件，在 Proteus 的单片机中加载该 hex 文件，单击“运行”按钮，七段数码管约间隔 1s 循环显示，为什么不是精确显示呢？大家可以思考一下，如果把 z 定义为 uchar，程序会有什么样的变化，可以仿真试一试。如果把 delay ( ) 函数里面第二个 for 语句后面的分号去掉又会有什么样的变化呢？

【知识链接】

一、数据类型

1. C51 基本数据类型（见表 2-3）

表 2-3　C51 基本数据类型

类型	符号	关键字	所占位数	字节	值域
整型	有	(signed) short	16	2	-32768 ~ 32767
		(signed) int	16	2	-32768 ~ 32767
		(signed) long	32	4	-2147483648 ~ 2147483647
	无	unsigned short int	16	2	0 ~ 65535
		unsigned int	16	2	0 ~ 65535
		unsigned long	32	4	0 ~ 4294967295
实型	有	float	32	4	±1.175494E-38 ~ ±3.402823E+38
	有	double	64	8	1.7E-308 ~ 1.7E308
字符型	有	char	8	1	-128 ~ 127
	无	unsigned char	8	1	0 ~ 255

2. C51 扩充数据类型（见表 2-4）

表 2-4　C51 扩充数据类型

类 型	长 度	值 域	说明
bit	位	0 或 1	位变量声明
sbit	位	0 或 1	特殊功能位声明
sfr	8 位 = 1 字节	0~255	特殊功能寄存器声明
sfr16	16 位 = 2 字节	0~65535	sfr 的 16 位数据声明
一般指针 *	1~3 字节	0~65535	对象的地址

3. 常量和变量（见表 2-5）

表 2-5　常量和变量

转义字符	含 义	ASCII 码(十进制)
\o	空字符(NULL)	00H/0
\n	换行符(LF)	0AH/10
\r	回车符(CR)	0DH/13

（续）

转义字符	含　义	ASCII 码(十进制)
\t	水平制表符(HT)	09H/9
\b	退格符(BS)	08H/8
\f	换页符(FF)	0CH/12
\′	单引号	27H/39
\″	双引号	22H/34
\\	反斜杠	5CH/92

4. 存储器类型（见表 2-6）

表 2-6　存储器类型

存储器类型	与存储空间的对应关系
data	直接访问内部数据存储器(128 字节),访问速度最快
bdata	可位寻址内部数据存储器(16 字节),允许位与字节混合访问
idata	间接访问内部数据存储器(256 字节),允许访问全部内部地址
pdata	分页访问外部数据存储器(256 字节)
xdata	外部数据存储器(64KB)
code	程序存储器(64KB)

二、数码管介绍

LED 数码管（LED Segment Displays）由多个发光二极管封装在一起组成“8”字形的器件，引线已在内部连接完成，只需引出它们的各个笔画、公共电极。

数码管按段数可分为七段数码管和八段数码管，八段数码管比七段数码管多一个发光二极管单元（多一个小数点显示），这些段分别由字母 a、b、c、d、e、f、g、dp 来表示，如图 2-2 所示；按能显示多少个“8”可分为 1 位、2 位、3 位、4 位、5 位、6 位、7 位数码管。

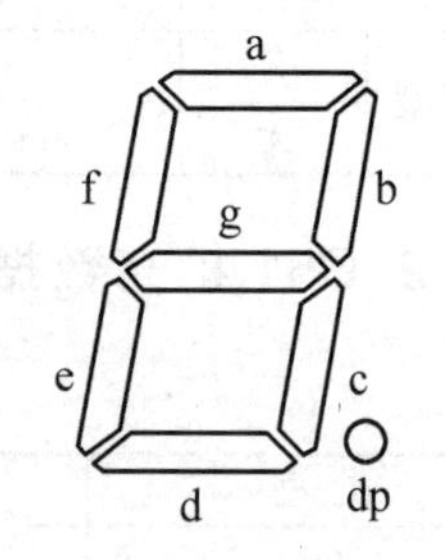

图 2-2　八段 LED 显示器

按发光二极管单元连接方式可分为共阳极数码管和共阴极数码管。共阳极数码管是指将所有发光二极管的阳极接到一起形成公共阳极（COM）的数码管，共阳极数码管在应用时应将公共极 COM 接到 5V，当某一字段发光二极管的阴极为低电平时，相应字段就点亮，当某一字段的阴极为高电平时，相应字段就不亮。共阴极数码管是指将所有发光二极管的阴极接到一起形成公共阴极（COM）的数码管，共阴极数码管在应用时应将公共极 COM 接到地线 GND 上，当某一字段发光二极管的阳极为高电平时，相应字段就点亮，当某一字段的阳极为低电平时，相应字段就不亮。如图 2-3 所示，图 2-3a 是共阳极数码管，图 2-3b 是共阴极数码管。

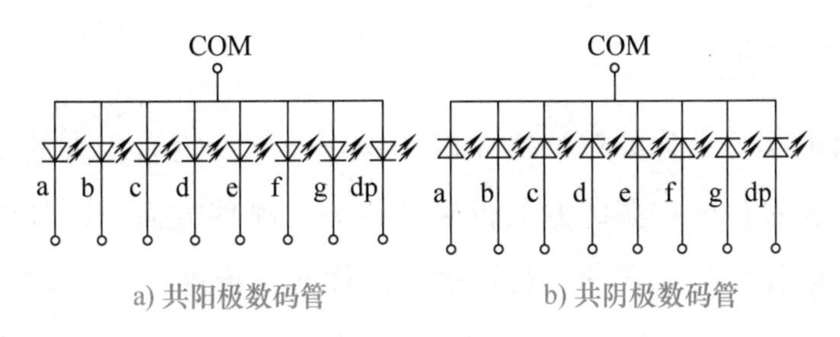

a) 共阳极数码管　　b) 共阴极数码管

图 2-3　数码管原理图

LED 数码管要正常显示，就要用驱动电路来驱动数码管的各个段码，从而显示出所需的数位，因此，根据 LED 数码管的驱动方式的不同，可以分为静态显示和动态显示两类。

1. 静态显示驱动

静态驱动也称为直流驱动。静态驱动是指每个数码管的每一个段码都由一个单片机的 I/O 口进行驱动，或者使用如 BCD 码二-十进位器进行驱动。静态驱动的优点是编程简单，显示亮度高，缺点是占用 I/O 口多，如驱动 5 个数码管静态显示则需要 5×8＝40 根 I/O 口来驱动，而一个 89C51 单片机可用的 I/O 口才 32 个。故实际应用时必须增加驱动器进行驱动，从而增加了硬体电路的复杂性。

2. 动态显示驱动

数码管动态显示是单片机中应用最为广泛的一种显示方式之一，动态驱动是将所有数码管的 8 个显示笔画“a，b，c，d，e，f，g，dp”的同名端连在一起，另外为每个数码管的公共极 COM 增加位元选通控制电路，位元选通由各自独立的 I/O 线控制，当单片机输出字形码时，所有数码管都接收到相同的字形码，但究竟是哪个数码管会显示出字形，取决于单片机对位元选通 COM 端电路的控制，所以只要将需要显示的数码管的选通控制打开，该位元就显示出字形，没有选通的数码管就不会亮。

通过分时轮流控制各个 LED 数码管的 COM 端，就使各个数码管轮流受控显示，这就是动态驱动。在轮流显示过程中，每个位元数码管的点亮时间为 1～2ms，由于人的视觉暂留现象及发光二极管的余辉效应，尽管实际上各位数码管并非同时点亮，但只要扫描的速度足够快，给人的感觉就是一组稳定的显示图像，不会有闪烁感，动态显示的效果和静态显示是一样的，能够节省大量的 I/O 口，而且功耗更低。

【技能增值及评价】

通过本项目的学习，你的单片机知识和操作技能肯定有更大的提高，请花一点时间加以总结，看看自己在哪些方面得到了提升，哪些方面仍需加油，在自我评价的基础上，还可以让教师或同学进行评价，这样的评价更客观，请填写表 2-7。

表 2-7 技能增值及评价表

评价方向	评价内容	自我评价	小组评价
理论知识	把变量 z 定义为 uchar,分析会出现什么效果,并解释原因		
	去掉 delay 函数中第二个 for 语句后的分号,分析会出现什么效果,并解释原因		
实操技能	控制七段数码管显示 0~9： 1. 绘制单片机电路原理图正确,单片机能正常工作,得 10 分 2. 绘制数码管电路正确,得 20 分 3. 编写单片机程序正确,上电后能控制数码管显示数字,得 20 分 4. 编写单片机程序正确,能控制数码管循环显示 0~9,得 50 分		

注：理论知识可以从“优秀”“一般”“仍需努力”方面进行评价。

任务二 控制数码管的动态显示

通过本任务，了解如何运用单片机控制多个七段数码管同时显示数字。

【任务布置】

本任务的学习内容见表 2-8。

表 2-8 任务布置

任务名称	控制数码管的动态显示	学习时间	2 学时
任务描述	硬件通电或复位后,P1 口控制 8 个共阳极数码管同时显示 1~8 八个数字		

【任务分析】

利用人眼的视觉暂停原理，人眼的视觉暂停时间为 16ms，通过 P1 口控制每个数码管的段选端，使每个数字的显示时间控制在 2ms，这样就可以看到 8 个数码管同时显示出来。

【任务实施】

根据任务分析，设计出硬件电路图，在 Proteus 上进行绘制，然后在 Keil 软件中采用 C 语言对单片机进行编程，使用 Proteus 进行仿真和调试。

活动 1　绘制电路原理图

控制七段数码管动态显示硬件（不含最小硬件系统）电路图，如图 2-4 所示。

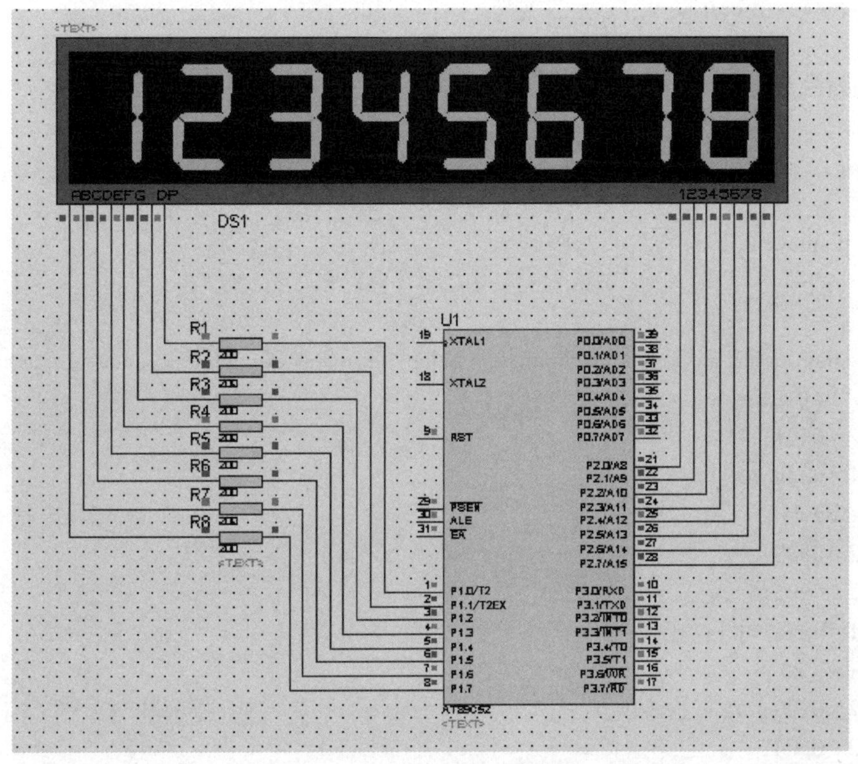

图 2-4　控制七段数码管动态显示硬件（不含最小硬件系统）电路图

图 2-4 所示电路图中的元器件参数见表 2-9。

表 2-9　元器件参数

序号	元器件符号	元器件型号	备注
1	R1～R8	电阻	200Ω
2	DS1	8 位数码管	
3	U1	AT89C52	

活动 2　编写程序文件

单片机控制 8 个七段数码管同时显示 1～8 的 C 语言程序如下：

```
#include <reg51. h>
#define uchar unsigned char
#define uint unsigned int
uchar code table[ ] = {0x03,0x9F,0x25,0x0D,0x99,//0~4
                       0x49,0x41,0x1F,0x01,0x09};
void display(uchar aa,uchar bb,uchar cc,uchar dd,uchar ee,uchar ff,uchar gg,uchar hh);
void delay(uint z)
{
  uint x,y;
  for(x=z;x>0;x--)
    for(y=110;y>0;y--);
}
void main()
{
  while(1)
  {
      display(1,2,3,4,5,6,7,8);
  }
}
void display(uchar aa,uchar bb,uchar cc,uchar dd,uchar ee,uchar ff,uchar gg,uchar hh)
{     P2=0x00;
    P2=0x01;
    P1=table[aa];
    delay(2);
    P2=0x00;
    P2=0x02;
    P1=table[bb];
    delay(2);
    P2=0x00;
    P2=0x04;
    P1=table[cc];
    delay(2);
    P2=0x00;
    P2=0x08;
    P1=table[dd];
    delay(2);
    P2=0x00;
    P2=0x10;
    P1=table[ee];
    delay(2);
    P2=0x00;
    P2=0x20;
    P1=table[ff];
```

```
        delay(2);
        P2=0x00;
        P2=0x40;
        P1=table[gg];
        delay(2);
        P2=0x00;
        P2=0x80;
        P1=table[hh];
        delay(2);
    }
```

活动3　仿真运行

编写好程序文件后，生成hex文件，在Proteus的单片机中加载该hex文件，单击“运行”按钮，8个七段数码管同时显示1~8这8个数字。把display（）函数中的延时时间改为4ms，仿真运行一下看看会有什么样的效果出现，思考为什么会有这种现象。想一想上面的程序能不能缩减。

【知识链接】

一、函数参数的传递

形式参数和实际参数的区别：

```
int display(int b)/* b为形式参数*/
{
return b;
}
main()
{
   int a=1;
   printf("%d",display(a));   /*a为实际参数*/
}
```

在C51语言中，通过上面的例子大家有没有发现函数的形参和实参是如何进行数据传递的？

当调用函数时，实参把自己的值复制一份传递给形参，然后形参用获得的值参加运算，这就是所谓的“值传递”。形参和实参有各自独立的存储空间，形参数值的改变不会影响实参的值，这种传递也可以称为单向传递，数据只能从实参传递给形参，而形参的值不能带回给实参。但是如果采用数组名或者是指针作函数参数的时候，传递的并不是数据的值，而是地址，也就是所谓的“地址传递”，当函数调用时，形参和实参会共享同一段内存空间，此时若形参数据单元的值发生变化，对应实参数据单元的值也会发生变化，从而实现双向传递。具体例子可参考任务一中子函数 display（）的应用。

二、变量的作用域

变量的作用域就是一个变量在一个程序中能够被有效访问的范围，变量的作用域分为全局、局部、文件三种范围。

声明在函数内部的变量都是局部作用域，无法被其他函数的代码所访问，函数的形式参数的作用域也属于局部的，它们的作用范围仅仅局限于函数内部所用的语句块。

对于具有全局作用域的变量，可以在程序的任意位置访问它们，当一个变量是在所有函数的外部声明时，那么这个变量就是全局变量。

文件作用域是指外部标示符仅在声明它的同一个转换单元内的函数汇总时可见，转换单元是指定义这些变量和函数的源代码文件，包含任何通过#include 指令包含的源代码文件，static 存储类型修饰符指定了变量具有文件作用域，用 static 是实现数据封装，防止被外部程序改动的一个主要手段，大量在程序中应用。

按照工程学的习惯，全局变量应该尽量少用，因为它会带来下面的问题：

1）全局变量在程序执行过程中会占用存储空间。

2）降低了函数的通用可移植性和可靠性。

3）降低程序清晰度，容易出现错误。

下面的例子定义了全局变量和局部变量，方便大家理解。

例如：

```
#include<stdio.h>
int a;
void main()
{
    int b;
    while(1)
    {
      int c;
    }
}
void delay()
```

```
{
    int d;
}
```

上述程序中，a 为全局变量，b，c，d 为局部变量，a 在全局都可以调用，b 只能在 main 函数中用，c 只能在 while 循环中应用，d 只能在 delay 函数中应用。

【技能增值及评价】

通过本项目的学习，你的单片机知识和操作技能肯定有更大的提高，请花一点时间加以总结，看看自己在哪些方面得到了提升，哪些方面仍需加油，在自我评价的基础上，还可以让教师或同学进行评价，这样的评价更客观，请填写表 2-10。

表 2-10　技能增值及评价表

评价方向	评价内容	自我评价	小组评价
理论知识	能对任务二的例程进行修改或简化,实现相同功能		
实操技能	控制 8 个七段数码管同时显示 1~8： 1. 绘制单片机电路原理图正确,单片机能正常工作,得 10 分 2. 绘制数码管电路正确,得 20 分 3. 编写单片机程序正确,1 个数码管显示数字,得 10 分 4. 编写单片机程序正确,8 个数码管显示数字,得 10 分 5. 编写单片机程序正确,能控制数码管循环显示 1~8,得 50 分		

注：理论知识可以从“优秀”“一般”“仍需努力”方面进行评价。

任务三　制作 10s 时钟

通过本任务，学会如何运用单片机内部资源中的定时器来设计一个 10s 的时钟。

【任务布置】

本任务的学习内容见表 2-11。

表 2-11 任务布置

任务名称	制作 10s 时钟	学习时间	2 学时
任务描述	运用单片机内部的定时器设计一个 10s 时钟，通过 P1 口控制 3 个七段数码管，使其每一秒加 1，从 000 开始显示，一直显示到 010 然后停止		

【任务分析】

运用单片机内部的定时器来进行定时，时间间隔 1s，然后通过 P1 口控制 3 个七段数码管的段代码，P2 口控制 3 个七段数码管的位代码，使其从 000 加 1 显示到 010，共 10s 然后循环。

【任务实施】

根据任务分析，设计出硬件电路图，在 Proteus 上进行绘制，然后在 Keil 软件中采用 C 语言对单片机进行编程，使用 Proteus 进行仿真和调试。

活动 1　绘制电路原理图

10s 时钟硬件（不含最小硬件系统）电路图如图 2-5 所示。

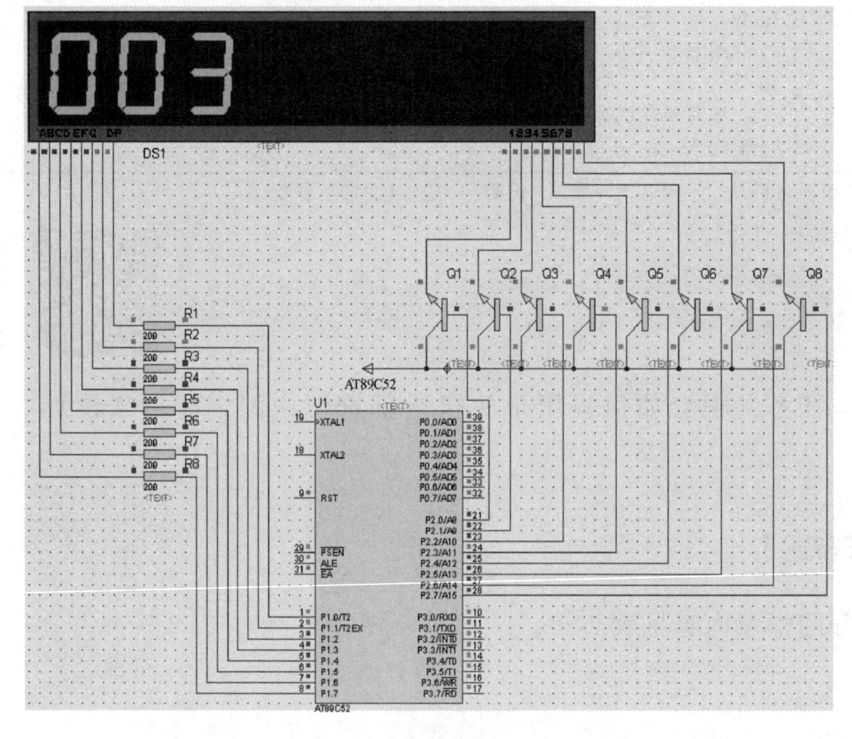

图 2-5　10s 时钟硬件（不含最小硬件系统）电路图

图 2-5 所示电路图中的元器件参数见表 2-12。

表 2-12　元器件参数

序号	元器件符号	元器件型号	备注
1	R1～R8	电阻	200Ω
2	DS1	8 位数码管	
3	U1	AT89C52	
4	Q1～Q8	晶体管	NPN 型

注：晶体管的标准文字符号应为 VT。

活动 2　编写程序文件

单片机控制 3 个七段数码管精确间隔 1s 显示 000～010 的 C 语言程序如下：

```
#include<reg52. h>
#include<intrins. h>
#define uint unsigned int
#define uchar unsigned char
uchar bai,shi,ge,temp,aa;
void display(uchar bai,uchar shi,uchar ge);
uchar code table[]={
0x03,0x9F,0x25,0x0D,0x99,//0-4
0x49,0x41,0x1F,0x01,0x09};
void delay(uint z);
void init();
void main()
{
  init();
  aa=0;
  while(1)
  {
    if(aa==20)
      {
        aa=0;
        temp++;
        if(temp==11)
        {
          temp=0;
        }
        bai=temp/100;
        shi=temp%100/10;
        ge=temp%10;
      }
    display(bai,shi,ge);
```

```
}
  }
  void init()
    {
      TMOD=0x01;
      TH0=(65536-50000)/256;
      TL0=(65536-50000)%256;
      EA=1;
      ET0=1;
      TR0=1;
    }
  void delay(uint z)
  {
    uint x,y;
    for(x=z;x>0;x--)
      for(y=110;y>0;y--);
  }

  void timer0() interrupt 1
  {
    TH0=(65536-50000)/256;
    TL0=(65536-50000)%256;
    aa++;
  }
  void display(uchar bai,uchar shi,uchar ge)
  {
    P2=0x00;
    P2=0x01;
    P1=table[bai];
    delay(4);
    P2=0x00;
    P2=0x02;
    P1=table[shi];
    delay(4);
    P2=0x00;
    P2=0x04;
    P1=table[ge];
    delay(4);
  }
```

活动 3　仿真运行

编写好程序文件后，生成 hex 文件，在 Proteus 的单片机中加载该 hex 文件，

单击“运行”按钮，数码管会精确加 1 显示。

【知识链接】

一、选择 if 语句

if 语句是条件语句的一种，它有以下三种形式：

1. if（判别式 A）

{

语句 B

}

如图 2-6 所示，若判别式 A 成立，则执行语句 B；若不成立，则跳过语句 B 执行后面的程序。

2. if（判别式 A）

{语句 B}

else

{语句 C}

如图 2-7 所示，若判别式 A 成立，则执行语句 B；若不成立，则执行语句 C，然后继续执行后面的程序。

3. if（判别式 A）

{语句 A}

else if（判别式 B）

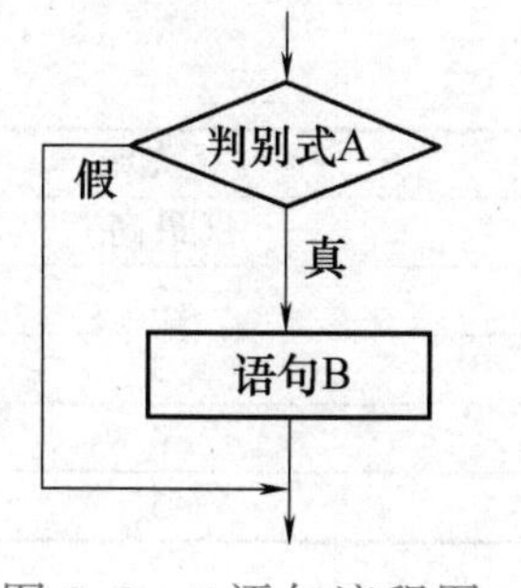

图 2-6　if 语句流程图

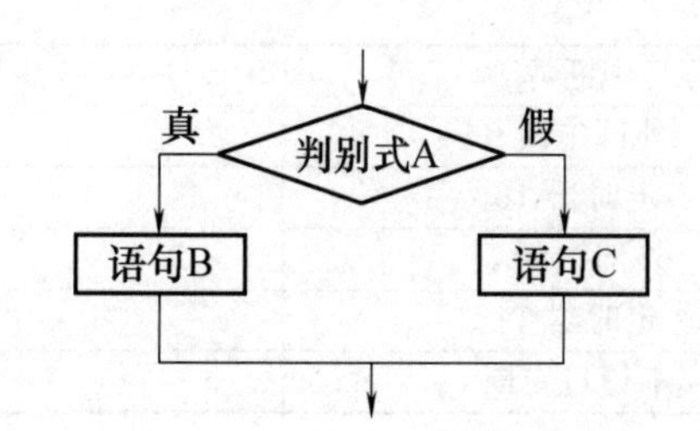

图 2-7　if-else 语句流程图

{语句 B}

……

else if （判别式 N）

{语句 N}

else {语句 M}

如图 2-8 所示，若判别式 A 成立，则执行语句 A；若不成立，则对判别式 B 进行判别；若判别式 B 成立，则执行语句 B；若不成立，则对下一条件进行判别……若判别式 N 成立，则执行语句 N，若以上条件都不成立则执行语句 M。

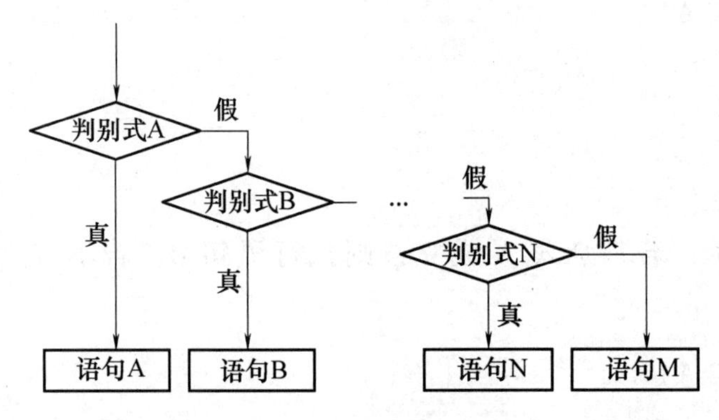

图 2-8 if-elseif 语句流程图

二、中断的基本概念

CPU 在处理某一事件 A 时，发生了另一事件 B，请求 CPU 迅速去处理（中断发生）；CPU 暂时中断当前的工作，转去处理事件 B（中断响应和中断服务）；待 CPU 将事件 B 处理完毕后，再回到原来事件 A 被中断的地方继续处理事件 A（中断返回），这一过程称为中断。

三、MCS-51 单片机的中断源（见表 2-13）

表 2-13 MCS-51 单片机的中断源

中断源	中断号	优先级
外部中断 0	0	1(最高)
定时器 T0	1	2
外部中断 1	2	3
定时器 T1	3	4
串行口中断	4	5

四、中断系统中的特殊功能寄存器

1. 中断允许控制寄存器（IE）（见表 2-14）

（1）EA 总中断源，EA = 1，允许中断；EA = 0，不允许中断。

表 2-14　中断允许控制寄存器（IE）

位号	D7	D6	D5	D4	D3	D2	D1	D0
位定义	EA	—	—	ES	ET1	EX1	ET0	EX0

（2）EX0（EX1）　外部中断允许控制位。

EX0=1 外部中断 0 开关闭合，开外部 0 中断。

EX0=0 外部中断 0 开关断开，关外部 0 中断。

（3）ET0（ET1）　定时中断允许控制位。

ET0=1 定时器/计数器 0 开中断，开定时器/计数器 0。

ET0=0 定时器/计数器 0 关中断，关定时器/计数器 0。

（4）ES　串口中断允许控制位。

ES=1 串口中断开关闭合，开串口中断。

ES=0 串口中断开关断开，关串口中断。

2. 工作方式控制寄存器（TMOD）（见表 2-15）

表 2-15　工作方式控制寄存器（TMOD）

位号	D7	D6	D5	D4	D3	D2	D1	D0
位定义	GATE	C/T	M1	M0	GATE	C/T	M1	M0

TMOD 的高四位用来控制定时器/计数器 1，低四位用来控制定时器/计数器 0。

（1）GATE　门控位。

GATE=1 时，由外部中断引脚 INT0、INT1 来启动定时器 T0、T1。

当 INT0 引脚为高电平时 TR0 置位，启动定时器 T0。

当 INT1 引脚为高电平时 TR1 置位，启动定时器 T1。

GATE=0 时，仅由 TR0、TR1 置位分别启动定时器 T0、T1。

（2）C/T　功能选择位。

C/T=0 时为定时功能，C/T=1 时为计数功能。

（3）M0、M1　方式选择功能，两个位共有 4 种工作方式，见表 2-16。

3. 定时器控制寄存器（TCON）（见表 2-17）

TF0（TF1）：内部定时器/计数器溢出中断标志位；

当定时器、计数器计数溢出的时候，此位由单片机自动置 1，CPU 开始响应，处理中断，而当进入中断程序后由单片机自动清 0。

（1）TR0（TR1）　定时器/计数器启动位；

（2）TR0（TR1）= 1　启动定时器/计数器 0；

（3）TR0（TR1）= 0 关闭定时器/计数器 0。

低四位功能暂不讲解。

表 2-16 M0、M1 的工作方式

M1 M0	工作方式	功 能
0 0	工作方式 0	13 位计数器
0 1	工作方式 1	16 位计数器
1 0	工作方式 2	自动装数的 8 位计数器
1 1	工作方式 3	定时器 0 为两个 8 位计数器，定时器 1 停止计数

表 2-17 定时器控制寄存器（TCON）

位号	D7	D6	D5	D4	D3	D2	D1	D0
位定义	TF1	TR1	TF0	TR0	IE1	IT1	IE0	IT0

五、定时初值的计算方法

单片机不是从 0 开始计数到自己所需的数值来进行定时，而是要给它定时的初值，然后它会计数直到溢出产生一个标志位来确定定时时间到了。根据单片机晶振频率、TMOD 的工作方式以及所要定的时间来确定 TH0 和 TL0 所要赋予的初值。下面以 12MHz 晶振、工作方式 1（16 位计数器）为例，设所定时间为 X（16 位计数器最大数 65536，即 65536μs，若所定时间大于 65535，则要用 if 语句控制，现假设 X<65535）来计算定时初值。

时钟周期的时间 t = 1/12MHz = 1/12μs

机器周期的时间 T = 12t = 12×1/12μs = 1μs

因为每经过一个机器周期计数器+1，所以，计数器+1，经过的时间为 1μs。若所定时间为 X，则要求经过 X，中断响应，又因为 16 位计数器要全部置 1（即达到 65535+1 后），中断才会响应，所以，初值 = 65536−X，将初值转化为十六进制码，分别赋给 TH0 和 TL0。

例如所定时间为 5ms，则初值 = 65536 − 5000 = 60536 = 0xEC78，所以 TH0 = 0xEC；TL0 = 0x78。

另一种比较简单的 TH0/TL0 赋值方法如下：

TH0 = （65536−5000）/256；

TL0 = （65536−5000）%2566。

想一想为什么这样会得到 TH0 和 TL0？

因为这样设置，每经过 5ms 发生一次中断，中断时间一般以秒为单位，所以连续经过 200 次中断即可实现定时 1s。

【技能增值及评价】

通过本项目的学习，你的单片机知识和操作技能肯定有更大的提高，请花一点时间加以总结，看看自己在哪些方面得到了提升，哪些方面仍需加油，在自我评价的基础上，还可以让教师或同学进行评价，这样的评价更客观，请填写表 2-18。

表 2-18　技能增值及评价表

评价方向	评价内容	自我评价	小组评价
理论知识	介绍 51 单片机的中断源及对应的中断号		
实操技能	用定时器 1 定时 5s： 1. 绘制单片机电路原理图正确，单片机能正常工作，得 10 分 2. 绘制数码管电路正确，得 10 分 3. 编写单片机程序正确，数码管显示数字，得 10 分 4. 编写单片机程序正确，定时器 1 能正常定时，得 20 分 5. 编写单片机程序正确，定时器 1 控制数码管显示定时时间，得 50 分		

注：理论知识可以从“优秀”“一般”“仍需努力”方面进行评价。

任务四　制作 24h 时钟

通过本任务，学会如何运用单片机制作一个简易电子时钟。由于没有学习过按键的应用，所以本项目制作的时钟没有调节时、分、秒的功能，等后续课程学完以后，大家再试试看能不能添加调节功能。

【任务布置】

本任务的学习内容见表 2-19。

表 2-19　任务布置

任务名称	制作 24h 时钟	学习时间	2 学时
任务描述	运用单片机内部的定时器设计一个简易电子时钟		

【任务分析】

运用单片机内部的定时器来进行定时，时间间隔 1s，根据任务三中的定时方法，定时1s，让秒钟加1显示，通过if语句判定是否加到60s，如果到60s，分钟数再加1显示，以此类推，来制作一个简易的电子时钟。

【任务实施】

根据任务分析，设计出硬件电路图，在Proteus上进行绘制，然后在Keil软件中采用C语言对单片机进行编程，使用Proteus进行仿真和调试。

活动1 绘制电路原理图

24h时钟硬件（不含最小硬件系统）电路图如图2-9所示。

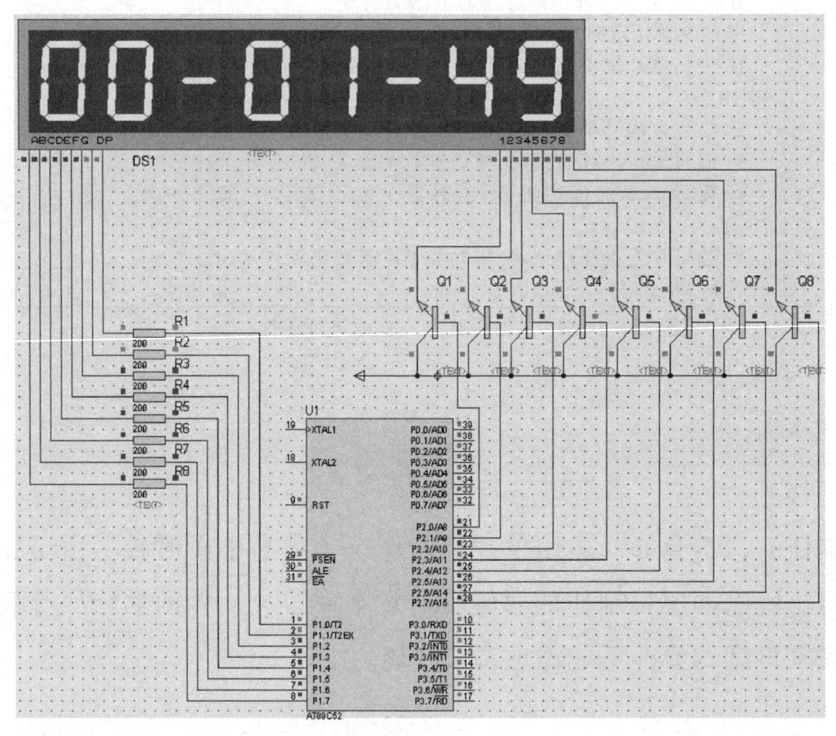

图2-9 24h时钟硬件（不含最小硬件系统）电路图

图2-9所示电路图中的元器件参数见表2-20。

表2-20 元器件参数

序号	元器件符号	元器件型号	备注
1	R1～R8	电阻	200Ω
2	DS1	8位数码管	
3	U1	AT89C52	
4	Q1～Q8	晶体管	NPN型

注：晶体管的标准文字符号应为VT。

活动 2 编写程序文件

简易电子时钟的 C 语言程序如下：

```
#include<reg52.h>
#include<intrins.h>
#define uint unsigned int
#define uchar unsigned char
uchar A1,A2,A3,A4,A5,A6,miao,shi,fen,aa;
void display(uchar b1,uchar b2,uchar b3,uchar b4,uchar b5,uchar b6);
uchar code table[]={
0x03,0x9F,0x25,0x0D,0x99,//0-4
0x49,0x41,0x1F,0x01,0x09};
void delay(uint z);
void init();
void main()
{
  init();
  aa=0;
  while(1)
  {
    if(aa==2)
    {
      aa=0;
      miao++;
      if(miao==60)
      {
        miao=0;
        fen++;
        if(fen==60)
        {
          fen=0;
          shi++;
          if(shi==24)
          shi=0;
        }
      }
      A1=miao/10;
      A2=miao%10;
      A3=fen/10;
      A4=fen%10;
      A5=shi/10;
      A6=shi%10;
```

```
        }
        display(A5,A6,A3,A4,A1,A2);
    }
}
void init()
    {
        TMOD=0x01;
        TH0=(65536-50000)/256;
        TL0=(65536-50000)%256;
        EA=1;
        ET0=1;
        TR0=1;
    }
void delay(uint z)
{
    uint x,y;
    for(x=z;x>0;x--)
        for(y=110;y>0;y--);
}

void timer0() interrupt 1
{
    TH0=(65536-50000)/256;
    TL0=(65536-50000)%256;
    aa++;
}
void display(uchar b1,uchar b2,uchar b3,uchar b4,uchar b5,uchar b6)
{
    uchar yiwei=0x01;
    P2=0x00;
    P2=yiwei;
    P1=table[b1];
    delay(2);
    P2=0x00;
    yiwei<<=1;              //把 yiwei 左移一位再赋值给 yiwei
    P2=yiwei;
    P1=table[b2];
    delay(2);
    P2=0x00;
    P2=0x04;
    P1=0xfd;                //显示横杠
    delay(2);
    P2=0x00;
```

```
    P2=0x08;
    P1=table[b3];
    delay(2);
    P2=0x00;
    P2=0x10;
    P1=table[b4];
    delay(2);
    P2=0x00;
    P2=0x20;
    P1=0xfd;              //显示横杠
    delay(2);
    P2=0x00;
    P2=0x40;
    P1=table[b5];
    delay(2);
    P2=0x00;
    P2=0x80;
    P1=table[b6];
    delay(2);
}
```

活动3　仿真运行

编写好程序文件后，生成 hex 文件，在 Proteus 的单片机中加载该 hex 文件，单击"运行"按钮，简易电子时钟就可以运行了。

【知识链接】

C51 的运算符包括算术运算符、关系运算符、逻辑运算符、位运算符、赋值及复合赋值运算符，见表 2-21。

表 2-21　C51 的运算符

符　号	功　能
+ - * /	加 减 乘 除
> >= < <=	大于　大于等于　小于　小于等于
== !=	测试等于　测试不等于
&& || !	逻辑与　逻辑或　逻辑非
>> <<	位右移　位左移
& |	按位与　按位或
^ ~	按位异或　按位取反

1. 基本算数运算符 +，-，*，/，%（后两种为模运算和取余运算符）

它们都属于双目运算符，即需要两个操作数，对于"/"，若两个整数相除，结果为整数，即取整。对于"%"，要求"%"两侧的操作数均为整形数据，所得结果的符号与左侧操作数符号相同。

例如：8/5=1，5/6=0，-94%23=-2，94%-23=2。

算数表达式是用算术运算符和括号将操作数连接起来的式子，如：a＊c/b+1+d。运算符执行的先后取决于运算符的优先级，当优先级相同时，再看它们的结合性。

例如：a-b＊c 相当于 a-(b＊c)，　a＊b/c 相当于（a＊b）/c。

2. 自增自减运算符

++表示自增，--表示自减，它们属于单目运算符，只能用于变量，不能用于常量和表达式，++i 先自增再取值，i++先取值后自增。例如：a=2，b=++a 后 b=3，a=3；b=a++后 b=3，a=4。

3. 强制类型转换运算符

(类型名)　（表达式）

(int)（a+b）　（int）a%（int）b

需要注意上面的形式，类型名和表达式必须用括号括起来，例如：

(char) a+b=（char）（a）+b≠（char）（a+b）

4. 关系运算符和关系表达式

关系运算符包括：<、<=、>、>=、==、!=。前四个优先级相同，前四个优先级高于后两个，在优先级上算术运算符>关系运算符>赋值运算符。

用关系运算符将两个表达式连接起来称为关系表达式，关系表达式的值为逻辑值真和假，1 代表真，0 代表假。例如：a>b，a=5，b=3，关系表达式为真，值为 1。

5. 逻辑运算符和逻辑表达式

逻辑运算符包括逻辑与（&&）、逻辑或（||）、逻辑非（!），&& 和|| 为双目运算符，“!”为单目运算符，在优先级上有：! > && > ||。

逻辑表达式值为逻辑量，执行的规则是逻辑表达式是不完全执行的，只有当一定要执行下一个逻辑运算符才能确定表达式的值时才执行该运算符。例如：

x && y && z，若 x=0，则表达式为 0。x || y || z，若 x=1，则表达式为 1。

6. 位运算符

位运算符包括按位与（&）、按位或（|）、按位异或（^）、按位取反（~）、左移（<<）和右移（>>）。

例 1：char x=3，y=6，x&y=________。

x　　00000011

y　　00000110

---

x&y =　　00000010　　　即为 2。

例 2：uchar a = 15，a = a<<1，则 a = ________。

a = 15　　　　00001111

a = a<<1　　　00011110，即 a 的值变为 30。可以看出左移一位相当于乘 2。

7. 赋值运算符

赋值运算符“=”优先级较低，具有右结合性，一般形式为：变量名 = 表达式。在赋值运算中，当“=”类型不一致时系统会自动将右边表达式的值转换成左侧变量的类型，再赋值给该变量。

8. 复合赋值运算符

赋值号前加上其他运算符就构成复合赋值运算符，C51 提供了下列 10 个复合赋值运算符，包括：+=，-=，*=，/=，%=，&=，|=，^=，<<=，>>=。例如：

a+=b　相当于 a=a+b；

x*=a+b 相当于 x=x*（a+b）；

a&=b　相当于 a= a&b；

x<<=5 相当于 x=（x<<5），此赋值语句大家需要和 x<< 5 区分开来。

【技能增值及评价】

通过本项目的学习，你的单片机知识和操作技能肯定有更大的提高，请花一点时间加以总结，看看自己在哪些方面得到了提升，哪些方面仍需加油，在自我评价的基础上，还可以让教师或同学进行评价，这样的评价更客观，请填写表 2-22。

表 2-22　技能增值及评价表

评价方向	评价内容	自我评价	小组评价
理论知识	简述 51 单片机常用运算符的种类		
实操技能	制作简易电子时钟，当电子时钟运行到 00-00-00 时数码管闪烁显示： 1. 绘制单片机电路原理图正确，单片机能正常工作，得 10 分 2. 绘制数码管电路正确，得 10 分 3. 编写单片机程序正确，数码管显示数字，得 10 分 4. 编写单片机程序正确，定时器控制数码管显示数字，得 10 分 5. 编写单片机程序正确，数码管能显示时、分、秒，得 30 分 6. 编写单片机程序正确，数码管能正确显示时、分、秒格式，得 20 分 7. 当电子时钟运行到 00-00-00 时，数码管闪烁显示，得 10 分		

注：理论知识可以从“优秀”“一般”“仍需努力”方面进行评价。

项目三

制作计算器

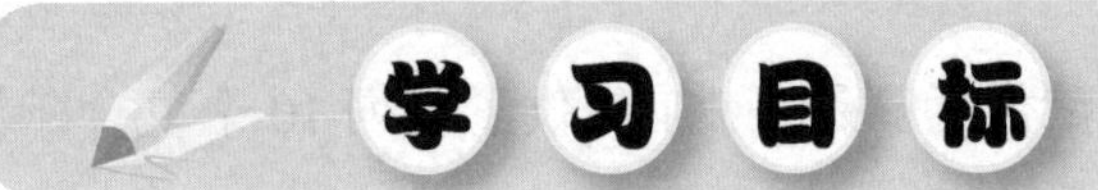

一、技能目标

能使用 Proteus 绘制独立式按键、矩阵式键盘的电路图。

掌握单片机外部中断的原理与编程方法。

掌握按键消抖的原理与编程技巧。

掌握按键松手检测的原理与技巧。

二、知识目标

独立式按键、矩阵式键盘的工作原理与程序编写。

C 语言中算术运算符的使用与注意事项。

了解矩阵式键盘控制程序的几种编程算法。

任务一　独立式按键控制发光二极管亮灭

通过本任务，将了解到单片机独立式按键的工作原理以及编程算法，同时掌握独立式按键消抖的原理与编程技巧。

【任务布置】

本任务的学习内容见表 3-1。

表 3-1 任务布置

任务名称	独立式按键控制发光二极管亮灭	学习时间	2 学时
任务描述	8 个独立式按键控制点亮对应的 8 位 LED 灯		

【任务分析】

1. 按下按键 S1，LED 灯 D1 点亮，松开 S1，LED 灯 D1 熄灭；余下的 7 个按键 S2～S8 的效果与 S1 类似。

2. 由于按下按键所产生的方波上升沿与下降沿存在着干扰的杂波，因此编写程序时要加上保护程序。

【任务实施】

根据任务分析，设计出硬件电路图，在 Proteus 上进行绘制，然后在 Keil 软件中采用 C 语言对单片机进行编程，使用 Proteus 进行仿真和调试。

活动 1 绘制电路原理图

独立式按键控制发光二极管亮灭电路图如图 3-1 所示，P2 口控制 8 位 LED 灯，P3 口负责检测 8 个独立式按键。当单片机引脚空置的时候，将保持高电平；

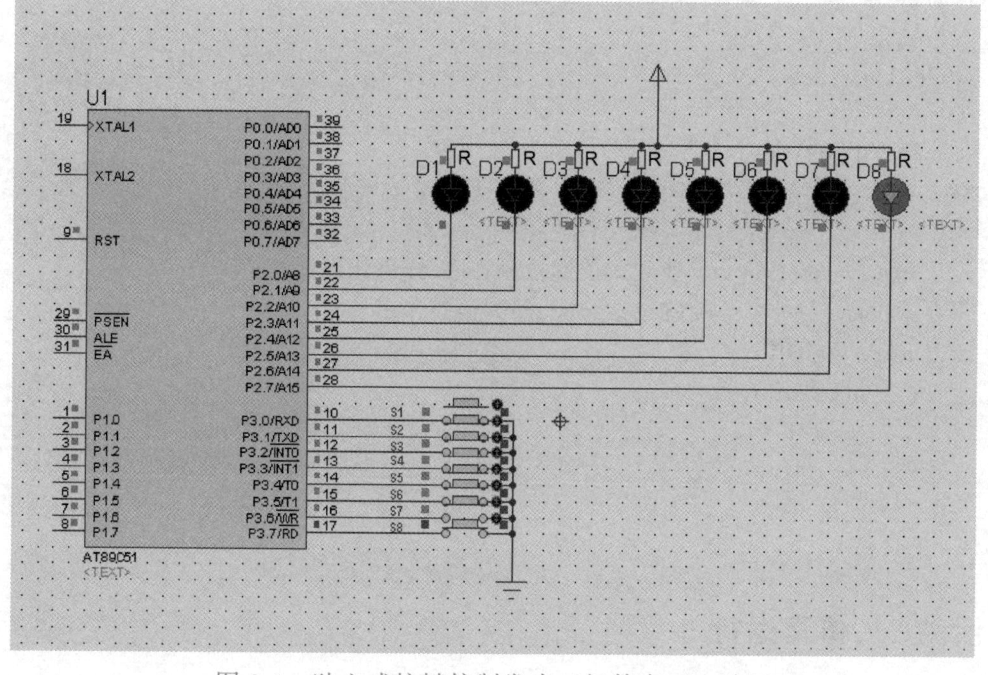

图 3-1 独立式按键控制发光二极管亮灭电路图

按键按下时，引脚与地相短接，被拉至低电平。此时，可用 if 语句将按下的按键检测出来。

图 3-1 所示电路图中的元器件参数见表 3-2。

表 3-2 元器件参数

序号	元器件符号	元器件型号	备注
1	D1～D8	发光二极管	
2	S1～S8	按键	
3	U1	AT89C51	

注：发光二极管的标准文字符号为 VL。

活动 2 编写程序文件

独立式按键控制发光二极管亮灭的程序如下：

```
#include"reg52.h"
#define uchar unsigned char
uchar code buf[ ]={0xfe,0xfd,0xfb,0xf7,0xef,0xdf,0xbf,0x7f,0xff};
uchar i;
void delay()//延时子程序
{int i=20;
while(i--);
}
void main()
{
  while(1)
  {
    for(i=0;i<9;i++)
//循环 9 次,8 次是 8 位按键的检测,一次是无按键按下的情况
    {
      if(P3==buf[i]) //独立式按键检测程序,详见知识链接一
      { delay();        //跳过杂波段,起到消抖作用
      if(P3==buf[i])
          P2=buf[i];
      }
    }
  }
}
```

活动 3 仿真运行

编写好程序文件后，生成 hex 文件，在 Proteus 的单片机中加载该 hex 文件，

单击“运行”按钮，按下按键 S1～S8，LED 灯 D1～D8 对应点亮。

【知识链接】

一、独立式按键

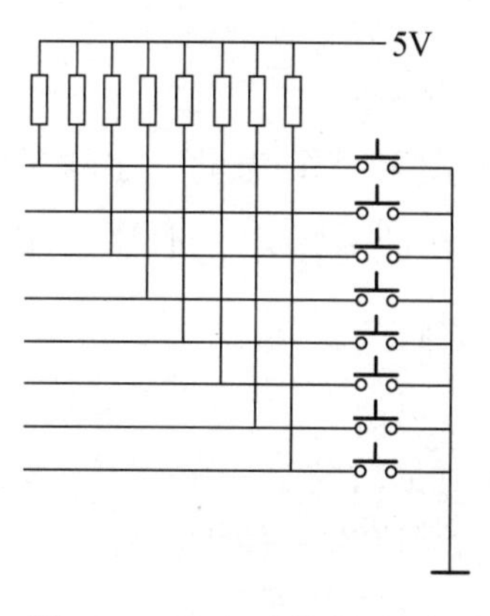

图 3-2　独立式按键电路图

独立式按键电路图如图 3-2 所示，按键一端接地，另一端与单片机 I/O 口相连。当按键按下时，单片机引脚接地，获得低电平信号；当按键松开时，单片机引脚通过电阻接 5V 电源，引脚被拉回高电平。其中，图中的电阻也有保护单片机引脚的作用。

在单片机编程时，检测独立式按键是否按下，一般用 if 语句进行检测。按键工作的步骤如下：

1）判定有无按键动作。

2）消抖。

3）再次判定是否有按键动作。

4）从键码确定按下了哪个按键，并执行相关的响应程序。

5）判定按键是否松开。

6）将 I/O 口恢复至高电平状态。

二、按键的软件消抖

当按键按下的时候，按键的下降沿与上升沿将会产生抖动的杂波。如图 3-3 所示，当抖动厉害的时候，单片机会“以为”按键被按下了多次，产生误判。若按键用于计数等情况下，抖动将严重影响程序的正确运行。因此，去抖动成为按键程序必不可少的步骤。去抖动的方法有很多，这里列举两种比较常见的编程方法。

键按下

键稳定

前沿抖动　　前沿抖动

图 3-3　按键干扰信号示意图

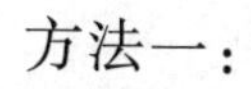
方法一：

当判定按键按下时，延时一小段时间再进行一次判定，若仍为低电平，则进入相关的操作程序。其中，因为信号下降沿的杂波时间持续极短，延时再检测可以有效跳过杂波的影响。

例：

```
if(P3==0xfe)
        { delay();
        if(P3==0xfe)
      {    响应程序;    }
    }
```

方法二：

设定一个变量，多次检测按键是否按下，若都为低电平，则判定按键按下有效。在此方法中，判定按键按下的次数越多，则按键工作越稳定。

例：

```
int i;
while(1)
{   if(P3==0xfe)
      {i++;
      if(i==50)
        {  响应程序}
      }
}
```

【技能增值及评价】

通过本项目的学习，你的单片机知识和操作技能肯定有极大的提高，请花一点时间加以总结，看看自己在哪些方面得到了提升，哪些方面仍需加油，在自我评价的基础上，还可以让教师或同学进行评价，这样的评价更客观，请填写表 3-3。

表 3-3 技能增值及评价表

评价方向	评价内容	自我评价	小组评价
理论知识	简述按键常用消除抖动的方法		
实操技能	用一个按键控制一个 LED 灯，当按键按下后 LED 灯发光，再次按下，LED 灯熄灭： 1. 绘制单片机电路原理图正确，单片机能正常工作，得 10 分 2. 绘制按键电路正确，得 10 分 3. 编写单片机程序正确，按下按键，发光二极管发光，得 40 分 4. 编写单片机程序正确，再次按下按键，发光二极管熄灭，得 40 分		

注：理论知识可以从“优秀”“一般”“仍需努力”方面进行评价。

任务二　独立式按键控制单个数码管

通过本任务，掌握外部中断的原理与编程算法；利用外部中断进行计数，能熟练地绘制原理图、编程与仿真。

【任务布置】

本任务的学习内容见表3-4。

表3-4　任务布置

任务名称	独立式按键控制单个数码管	学习时间	2学时
任务描述	用单个数码管显示按键按下的次数		

【任务分析】

1. 独立式按键连接P3.2引脚，当按键按下时，单片机响应外部中断0。
2. 数码管对按下的按键进行计数，当次数达到10时，则自动清0。

【任务实施】

根据任务分析，设计出硬件电路图，在Proteus上进行绘制，然后在Keil软件中采用C语言对单片机进行编程，使用Proteus进行仿真和调试。

活动1　绘制电路原理图

独立式按键控制单个数码管电路图如图3-4所示。

图3-4所示电路图中的元器件参数见表3-5。

表3-5　元器件参数

序号	元器件符号	元器件型号	备注
1	DS1	1位数码管	
2	S1	按键	
3	U1	AT89C52	

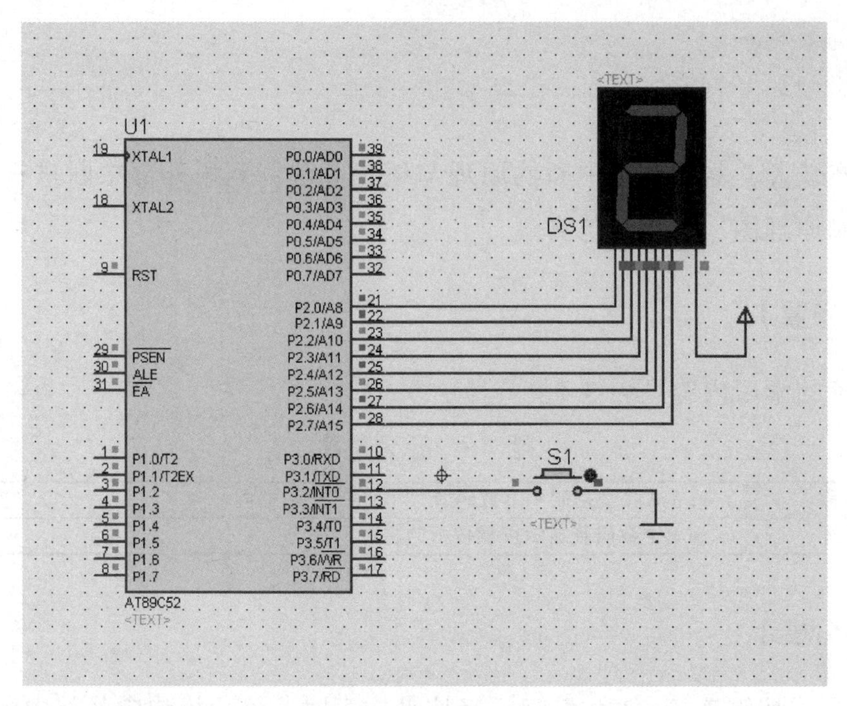

图 3-4 独立式按键控制单个数码管电路图

活动 2 编写程序文件

独立式按键控制单个数码管的程序如下：

```
#include "reg52. h"
#define uchar unsigned char
sbit key=P3^2;
uchar code shu[ ]={0xc0,0xf9,0xa4,0xb0,0x99,0x92,0x82,0xf8,0x80,0x90};
uchar num;
void main( )
{
  EA=1; //允许全局中断
  EX0=1; //允许外部中断 0
  while(1)
  {
    if(key==1)
      EX0=1; //当按键松开时,允许外部中断 0,等待按键下一次按下
    P2=shu[num];
  }
}
void int0( )interrupt 0   //外部中断 0 设置程序,详见知识链接一
{
```

```
    num++;
    if(num>9)
      num=0;
    EX0=0;
}
```

活动 3　仿真运行

编写好程序文件后，生成 hex 文件，在 Proteus 的单片机中加载该 hex 文件，运行后，数码管显示 0，每按一下按键，数码管数字加 1，当数码管显示数字大于 9 时，则清 0。

【知识链接】

外部中断

单片机外部设备向单片机发出中断请求叫做外部中断。外部中断的应用十分广泛，生产中的急停按键、仓库防火检测装置等都要求芯片即时响应，这就需要用到外部中断。在 C51 单片机中，设有两个外部中断：

INT0——外部中断 0，引脚 P3.2，低电平或下降沿触发；

INT1——外部中断 1，引脚 P3.3，低电平或下降沿触发。

1. 中断系统中的特殊功能寄存器（IE）（见表 3-6）

表 3-6　中断系统中的特殊功能寄存器（IE）

位号	D7	D6	D5	D4	D3	D2	D1	D0
位定义	EA	—	—	ES	ET1	EX1	ET0	EX0

其中，与外部中断相关的有 EA、EX0、EX1。

EA——全局中断允许位，当 EA 为 0 时，不允许中断；当 EA 为 1 时，允许中断申请。

EX0——外部中断 0 允许位，EX0 为 1 时，打开中断。

EX1——外部中断 1 允许位，EX1 为 1 时，打开中断。

例如：如果使用外部中断 1，需写以下语句：

EA=1;

EX1=1;

或者

IE = 0x84;

2. TCON 设置（见表 3-7）

表 3-7 TCON 设置

定时器 T0 和 T1				外部中断 0 和 1			
TF1	TR1	TF0	TR0	IE1	IT1	IE0	IT0

IT0——外部中断 0 触发方式位，IT0 为 0 时低电平产生中断，IT0 为 1 时下降沿产生中断。

IT1——外部中断 1 触发方式位，IT1 为 0 时低电平产生中断，IT1 为 1 时下降沿产生中断。

IE0——外部中断 0 标志位，IE0 为 0 时表示没产生中断，为 1 时表示产生中断。

IE1——外部中断 1 标志位，IE1 为 0 时表示没产生中断，为 1 时表示产生中断。

3. 外部中断编程

```
#include"reg52.h"
void main()
{
  EA=1;
  EX0=1;
  程序内容
}
void int0()interrupt 0
{  中断程序 0 程序内容    }
```

上述为外部中断 0 的中断设置程序，当引脚 P3.2 有低电平输入时，程序则跳至“中断程序 0 程序内容”，中断程序完成后，再跳回 main 函数程序产生中断处。

C51 的中断函数格式如下：

```
void  函数名（）  interrupt 中断号 using 工作组
{
中断程序内容
}
```

函数名：表示中断函数的名字，可以随便起，但不能与其他变量名或关键字起冲突。

中断号：表示该函数属于什么中断（中断类型），见表 3-8。

工作组：单片机共有4组工作寄存器，而“using 工作组”表示该中断指定使用哪一组寄存器。C51编译时一般会自动分配工作组，所以编程时可以不对工作组进行指定。

表 3-8　中断号列表

中断号	中断类型
0	外部中断 0
1	定时器中断 0
2	外部中断 1
3	定时器中断 1
4	串口中断
5	定时器中断 2

【技能增值及评价】

通过本项目的学习，你的单片机知识和操作技能肯定有极大的提高，请花一点时间加以总结，看看自己在哪些方面得到了提升，哪些方面仍需加油，在自我评价的基础上，还可以让教师或同学进行评价，这样的评价更客观，请填写表3-9。

表 3-9　技能增值及评价表

评价方向	评价内容	自我评价	小组评价
理论知识	简述外部中断常用寄存器		
实操技能	数码管对按键进行计数，以十六进制的方式显示按键按下次数： 1. 绘制单片机电路原理图正确，单片机能正常工作，得10分 2. 绘制按键电路正确，得10分 3. 绘制数码管电路正确，得10分 4. 编写单片机程序正确，数码管显示数字，得10分 5. 编写单片机程序正确，按键被按下，数码管显示数字加1，得40分 6. 编写单片机程序正确，数码管以十六进制显示，得20分		

注：理论知识可以从“优秀”“一般”“仍需努力”方面进行评价。

任务三　矩阵式键盘控制数码管

通过本任务，将学会绘制矩阵式键盘电路图，了解到矩阵式键盘的工作原理，掌握矩阵式键盘的程序编写方法；同时掌握条件语句——switch 语句的算法，了解函数返回值的运用等。

【任务布置】

本任务的学习内容见表3-10。

表 3-10 任务布置

任务名称	矩阵式键盘控制数码管	学习时间	2 学时
任务描述	通过数码管显示矩阵式键盘的标号		

【任务分析】

1. 编写矩阵式键盘子程序，将按下按键的编号反馈给 main 函数程序。
2. 使用数码管将矩阵式键盘的编号显示出来。

【任务实施】

根据任务分析，设计出硬件电路图，在 Proteus 上进行绘制，然后在 Keil 软件中采用 C 语言对单片机进行编程，使用 Proteus 进行仿真和调试。

活动 1 绘制电路原理图

如图 3-5 所示，矩阵式键盘由 P3 口控制，P3.0、P3.1、P3.2、P3.3 引脚分别控制第一、二、三、四行（从上到下），P3.4、P3.5、P3.6、P3.7 引脚分别控制第一、二、三、四列（从左到右）。动态数码管由 P0 口和 P2 口控制，P0 口控制数码管的数值，P2 口控制数码管的位码。

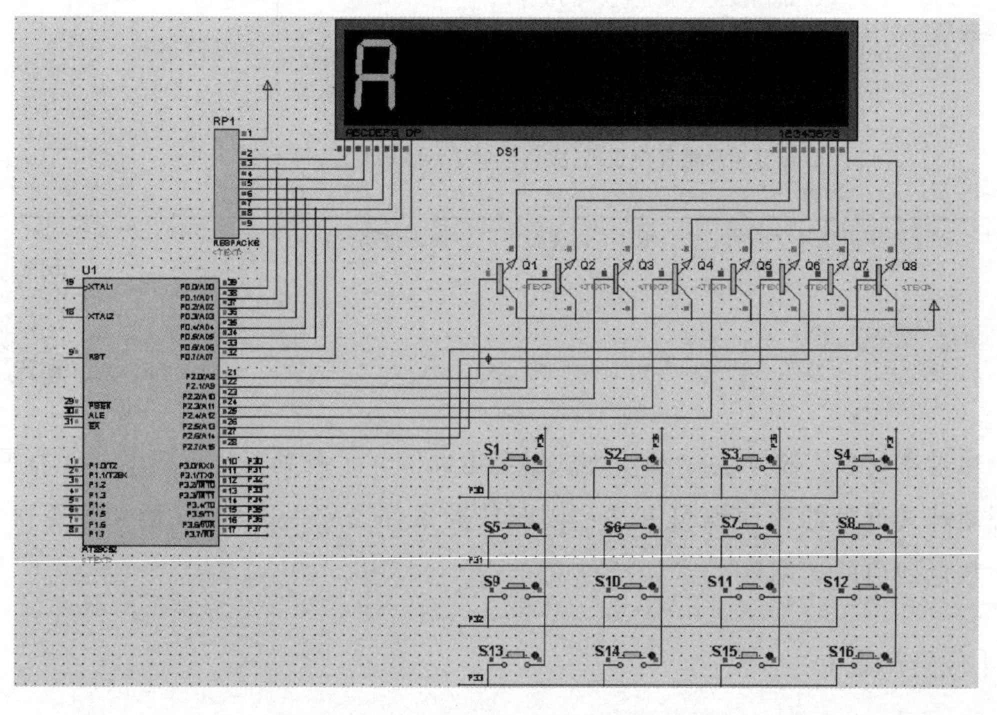

图 3-5 矩阵式键盘控制数码管电路图

图 3-5 所示电路图中的元器件参数见表 3-11。

表 3-11 元器件参数

序号	元器件符号	元器件型号	备注
1	RP1	排阻	10kΩ
2	DS1	8 位数码管	
3	U1	AT89C52	
4	Q1~Q8	晶体管	NPN 型
5	S1~S16	按键	

注：晶体管的标准文字符号应为 VT。

活动 2 编写程序文件

矩阵式键盘控制数码管的程序如下：

```
#include"reg52.h"
#define uchar unsigned char
#define uint unsigned int
uchar code shu[]={
0xc0,0xf9,0xa4,0xb0,0x99,0x92,0x82,0xf8,
0x80,0x90,0x88,0x83,0xc6,0xa1,0x86,0x8e
};
uchar keycn();                  //函数声明
uchar key;                      //全局变量
void main()
{
    while(1)
    {
      key=keycn();              //函数返回值,详见知识链接三
      if(key<16)
        P0=shu[key];
      P2=0x01;
    }
}
uchar keycn()                   //矩阵式键盘子程序,详见知识链接一
{
    uchar temp;
    uint k;
    P3=0xf0;
    if(P3!=0xf0)                //若有按键按下,高四位必定有一位变为 0
    {
        k++;                    //防抖动
        if(k==600)              //检测键盘 600 次才执行程序,防止干扰
        {
```

```
            temp=P3;
            P3=temp|0x0f;
            temp=P3;
            switch(temp)      //选择语句 switch,详见知识链接二
            {
               case 0xee:return 0;
               case 0xde:return 1;
               case 0xbe:return 2;
               case 0x7e:return 3;
               case 0xed:return 4;
               case 0xdd:return 5;
               case 0xbd:return 6;
               case 0x7d:return 7;
               case 0xeb:return 8;
               case 0xdb:return 9;
               case 0xbb:return 10;
               case 0x7b:return 11;
               case 0xe7:return 12;
               case 0xd7:return 13;
               case 0xb7:return 14;
               case 0x77:return 15;
               default:break;
            }
         }
      }
      else
         k=0;
         return 0xff;
   }
```

活动3 仿真运行

编写好程序文件后，生成 hex 文件，在 Proteus 的单片机中加载该 hex 文件，运行后，当按下键盘按键 n 时，数码管显示 n（n 为按键的编号）。

【知识链接】

一、矩阵式键盘

1. 矩阵式键盘的结构

矩阵式键盘的结构示意图如图 3-6 所示，图中，单片机引脚 P1.4~P1.7 分别

与一~四行的按钮左端相接，引脚 P1.0~P1.3 分别与一~四列按键的右端相接。这样，就找不到左端引脚和右端引脚都相同的两个按键，很显然，这里每一个按键都是“独特”的。

矩阵式键盘的接法虽然比独立式按键复杂，但是一个 I/O 口却能接上 4×4=16 个按键，明显节省了按键控制 I/O 口的资源，在按键比较多的情况下，矩阵式键盘是大大优于独立式键盘的。

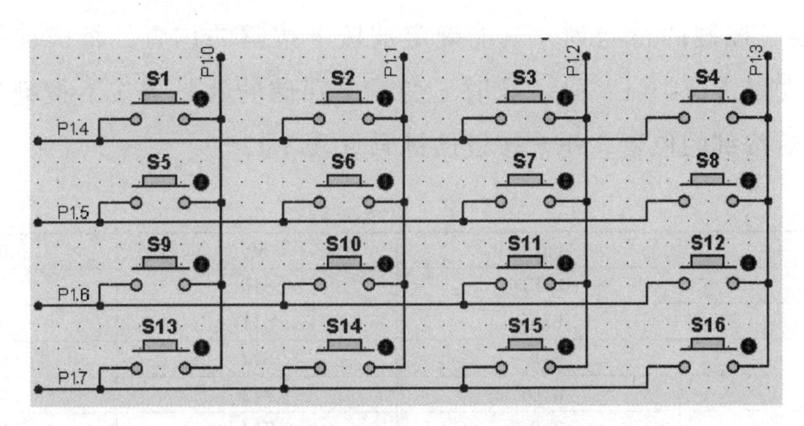

图 3-6 矩阵式键盘的结构示意图

2. 矩阵式键盘的工作原理

当单片机高电平的引脚与低电平的引脚相连接时，高电平的引脚将被低电平的引脚“拉”至低电平。根据这个规律，常用“行扫描法”对矩阵式键盘进行识别，过程如下：

1）引脚 P1.4~P1.7 输出低电平，引脚 P1.0~P1.3 输出高电平（P1=0x0f;），观察引脚 P1.0~P1.3 有没有电平变化，若无，则无按键被按下。

2）若 P1.0~P1.3 有引脚产生了电平变化，则说明被拉低电平那一列有按键被按下，用变量（这里假设是变量 a）将 I/O 口的二进制信息存储起来（a=P1;），其中高四位为行信息，所以一定为 0，低四位为有效信息（反映出那一列有按键按下），一共有以下四种情况：

P1.0　0 0 0 0 1 1 1 0 第一列有按键按下 0x0e;

P1.1　0 0 0 0 1 1 0 1 第二列有按键按下 0x0d;

P1.2　0 0 0 0 1 0 1 1 第三列有按键按下 0x0b;

P1.3　0 0 0 0 0 1 1 1 第四列有按键按下 0x07。

3）测出列的位置后，再测行的位置。引脚 P1.4~P1.7 输出高电平，引脚 P1.0~P1.3 输出低电平（P1=0xf0;），这时，有按键按下的那一行将会把该行的引脚电平拉低，将此时的I/O口的二进制信息存于另一变量中（假设是变量b）。这时也有四种情况：

P1.4　1 1 1 0 0 0 0 0 第一行有按键按下 0xe0；

P1.5　1 1 0 1 0 0 0 0 第二行有按键按下 0xd0；

P1.6　1 0 1 1 0 0 0 0 第三行有按键按下 0xb0；

P1.7　0 1 1 1 0 0 0 0 第四行有按键按下 0x70。

4）确定了按键的行与列，就能确定被按下按键的位置，将按键行与列的信息存于同一变量中（c=a | b），此时c变量中存储的就是被按下按键的键码，从键码就能判断按键的位置，每个按键的键码见表3-12。

表3-12　按键的键码

S1	0xEE	S9	0xBE
S2	0xED	S10	0xBD
S3	0xEB	S11	0xBB
S4	0xE7	S12	0xB7
S5	0xDE	S13	0x7E
S6	0xDD	S14	0x7D
S7	0xDB	S15	0x7B
S8	0xD7	S16	0x77

二、switch语句

switch语句属于多分支选择语句，它一般用于某个表达式或变量值，判断其是否与一组常量表达式或常量中的其中一个相等，然后进行相应的操作。在C51编程中，switch语句多用于矩阵式键盘、机械手等内容的编程。

switch语句的使用格式如下：

```
switch（表达式）
{
case　常量表达式1：语句1　break；
case　常量表达式2：语句2　break；
……
case　常量表达式n：语句n　break；
default　　　　　　：语句n+1
}
```

switch语句流程图如图3-7所示。

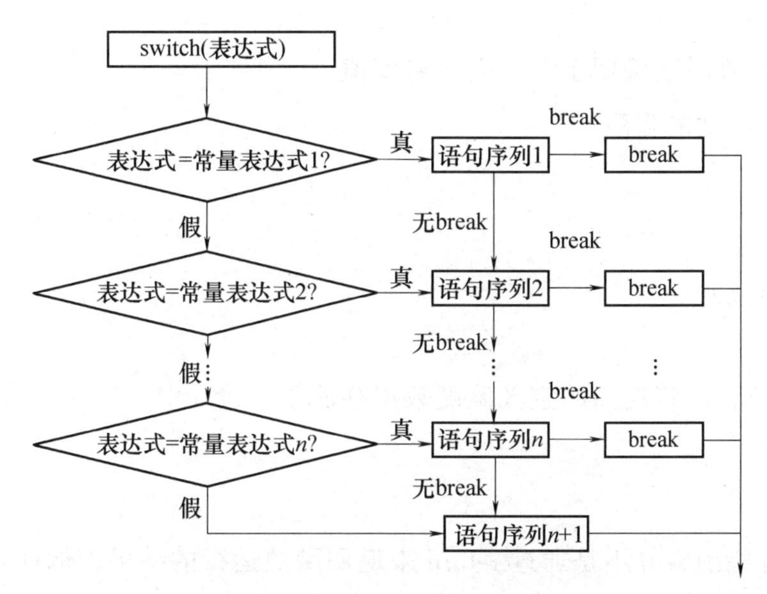

图 3-7　switch 语句流程图

使用注意事项：

1）为了执行不产生冲突，每个 case 后的表达式值不允许相同。

2）每个 case 的语句序列执行完毕后，加上一个 break；则会跳出 switch 语句。否则，将会继续进行下一个 case 的比较和执行。

3）case 和 default 的出现次序不影响执行结果，default 可以出现在 case 前面，但一般习惯把它放于最后。

三、函数调用的返回值

当函数运行完毕后，需要将其功能的运行结果反馈给 main 函数中的程序，称之为函数的返回值。函数的返回值常见的有以下四种情况：

1）无返回值 void。

2）返回值为整型 int。

3）返回值为字符型 char。

4）返回值为浮点型 float。

无论返回值为以上哪种情况，返回值类型必须和函数的数据类型一致。而返回值一般通过 return 命令将结果反馈回 main 函数中的程序。

例如：假设有一个测试空气温度的函数 tem，其返回值为空气的温度值，当 main 函数中要调用该函数时：

```
int tem ( )
{int s; //临时变量用于存放空气温度值
测量空气温度的程序;
return s;
}
void main ( )
{……
a=tem ( ); //将返回的空气温度数据存放于变量 a 中
……
}
```

当然，有些函数并不是通过 return 来返回函数运行的结果，例如：

```
bool copycode (const char * src, char * dest);
```

它的功能是将一个数组的内容复制到另外一个数组中，这时候若是用 return 来实现数组复制，则会变得复杂得多，因此一般通过指针来对数组进行操作，而返回值一般是函数能否顺利运行成功。

【技能增值及评价】

通过本项目的学习，你的单片机知识和操作技能肯定有极大的提高，请花一点时间加以总结，看看自己在哪些方面得到了提升，哪些方面仍需加油，在自我评价的基础上，还可以让教师或同学进行评价，这样的评价更客观，请填写表 3-13。

表 3-13　技能增值及评价表

评价方向	评价内容	自我评价	小组评价
理论知识	简述矩阵式键盘工作原理		
实操技能	两位数码管以十进制方式显示按键标号： 1. 绘制单片机电路原理图正确，单片机能正常工作，得 10 分 2. 绘制矩阵式按键电路正确，得 20 分 3. 绘制数码管电路正确，得 10 分 4. 编写单片机程序正确，两位数码管显示 00~15 标号，得 20 分 5. 编写单片机程序正确，按键被按下，数码管显示按键标号，得 40 分		

注：理论知识可以从“一般”“优秀”“仍需努力”方面进行评价。

任务四　制作简易计算器

通过本任务，增强对矩阵式键盘操作的能力；提升控制动态数码管显示的编程技巧；掌握关于计算器的一些程序算法。

【任务布置】

本任务的学习内容见表 3-14。

表 3-14　任务布置

任务名称	制作简易计算器	学习时间	2 学时
任务描述	制作一个可以进行加、减、乘、除运算的简易计算器		

【任务分析】

1. 编写矩阵式键盘、动态数码管显示等功能子程序。

2. 提取键盘的输入信息并进行计算。

3. 将最后的运算结果在动态数码管上显示（将结果进行个、十、百等的数值分离，并显示在数码管上）。

【任务实施】

根据任务分析，设计出硬件电路图，在 Proteus 上进行绘制，然后在 Keil 软件中采用 C 语言对单片机进行编程，使用 Proteus 进行仿真和调试。

活动 1　绘制电路原理图

如图 3-8 所示，本次任务电路图与项目三任务三中的电路图一致，故不再多做说明。

图 3-8 所示电路图中的元器件参数见表 3-15。

表 3-15　元器件参数

序号	元器件符号	元器件型号	备注
1	RP1	排阻	10kΩ
2	DS1	8 位数码管	
3	U1	AT89C52	
4	Q1～Q8	晶体管	NPN 型
5	S1～S16	按键	

注：晶体管的标准文字符号应为 VT。

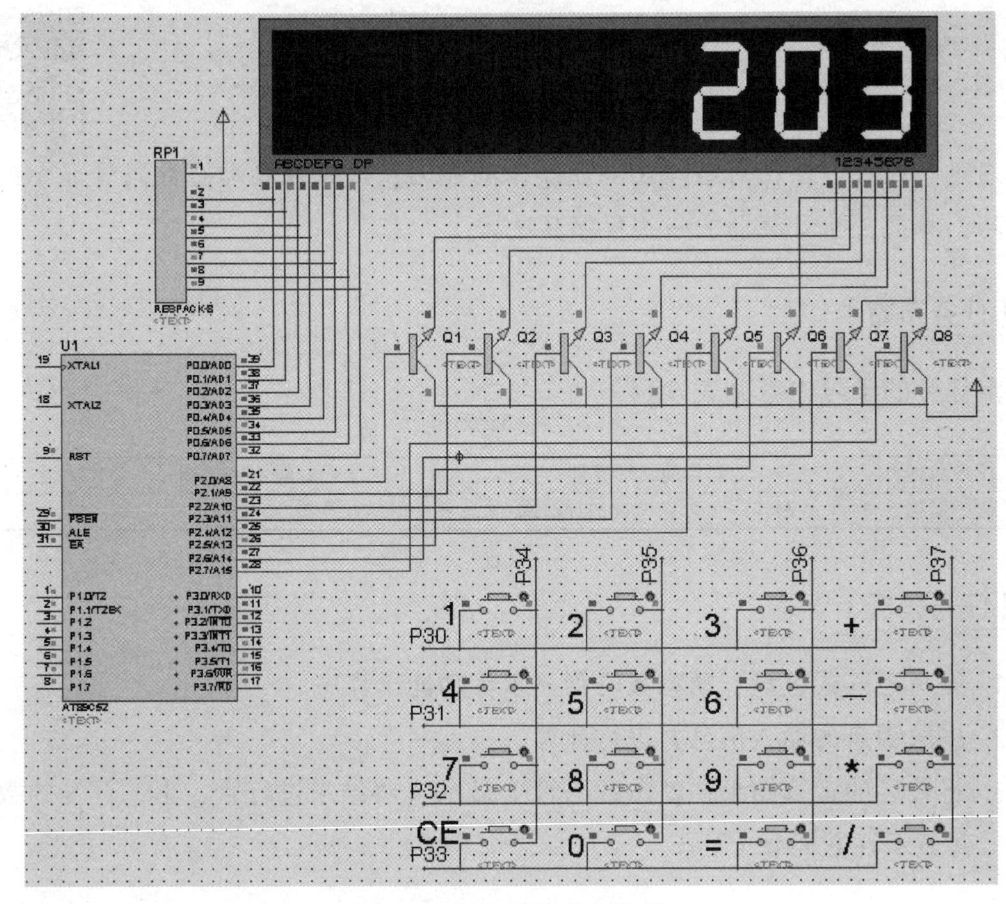

图 3-8 简易计算器电路图

活动 2 编写程序文件

简易计算器的程序如下：

```
#include  "reg52. h"
#include  "intrins. h"
#define uchar unsigned char
#define uint unsigned int
uchar code shu[ ] = {0xc0,0xf9,0xa4,0xb0,0x99,0x92,0x82,0xf8,0x80,0x90,0xff};
uchar code wei[ ] = {0x01,0x02,0x04,0x08,0x10,0x20,0x40,0x80};
uchar buf[8] = {10,10,10,10,10,10,10,10};
void delay(uint z);
void display( );
uchar keycn( );
uchar key,num,flag,i;
uint k;
long num1,num2,result;
```

```
void main( )
{
    while(1)
    {
      key=keycn( );
      if(key<10)
      {
        if(num<8)
          buf[num]=key;
        num++;
        if(num>8)
          num=8;
      }
      if(key==14)
      {
        flag=0;
        num=0;
        num1=0;
        num2=0;
        result=0;
      }
      if(flag==0)
      {
        if(key>=10&&key<14)       //判定运算属于加、减、乘、除的哪一种
        {
          if(key==10)
            flag=1;
          if(key==11)
            flag=2;
          if(key==12)
            flag=3;
          if(key==13)
            flag=4;
          for(i=0;i<num;i++)
            num1=buf[i]+num1 * 10;
          num=0;
        }
      }
      else
      {
        if(key==15)
        {
          for(i=0;i<num;i++)
```

```
            num2=buf[i]+num2*10;
        num=8;
        switch(flag)
        {
            case 1:result=num1+num2;break;
            case 2:result=num1-num2;break;
            case 3:result=num1*num2;break;
            case 4:result=num1/num2;break;
            default:break;
        }
        if(result>10000000)         //将运算结果进行分离
            buf[0]=result/10000000;
        else buf[0]=10;
        if(result>1000000)
            buf[1]=result%10000000/1000000;
        else buf[1]=10;
        if(result>100000)
            buf[2]=result%1000000/100000;
        else
            buf[2]=10;
        if(result>10000)
            buf[3]=result%100000/10000;
        else
            buf[3]=10;
        if(result>1000)
            buf[4]=result%10000/1000;
        else
            buf[4]=10;
        if(result>100)
            buf[5]=result%1000/100;
        else
            buf[5]=10;
        if(result>=10)
            buf[6]=result%100/10;
        else
            buf[6]=10;
        buf[7]=result%10;
    }
  }
  display();
 }
}
void delay(uint z)
```

```
{
    while(z--);
}

void display()                          //显示子程序
{
    uchar i;
    for(i=0;i<num;i++)
    {
      P0=shu[buf[i]];
      P2=wei[i];
      delay(200);
      P2=0x00;
    }
}
uchar keycn()                           //矩阵式键盘子程序
{
    uchar temp;
    P3=0xf0;
    if(P3! =0xf0)
    {
      k++;
      if(k==10)
      {
        temp=P3;
        P3=temp|0x0f;
        temp=P3;
        switch(temp)
        {
          case 0xee:return 1;
          case 0xde:return 2;
          case 0xbe:return 3;
          case 0x7e:return 10;
          case 0xed:return 4;
          case 0xdd:return 5;
          case 0xbd:return 6;
          case 0x7d:return 11;
          case 0xeb:return 7;
          case 0xdb:return 8;
          case 0xbb:return 9;
          case 0x7b:return 12;
          case 0xe7:return 14;
          case 0xd7:return 0;
```

```
                case 0xb7:return 15;
                case 0x77:return 13;
                default:break;
            }
        }
    }
    else
        k=0;
    return 0xff;
}
```

活动3 仿真运行

编写好程序文件后，生成 hex 文件，在 Proteus 的单片机中加载该 hex 文件，运行后，将得到一个简易的计算器，能够进行加、减、乘、除运算。

【知识链接】

C语言的程序结构

为了根据不同的情况做出不同的控制动作，51 单片机的 C51 语言和普通的 C 语言一样，提供了控制流语句，通过不同的控制流语句的嵌套和组合可以控制单片机实现复杂的功能。控制流语句包括 if、else if、switch、while 等。

C51 语言的程序结构可以分为顺序结构、选择结构和循环结构，这三种结构可互相组合和嵌套，组成复杂的程序结构，完成相应的功能。

1. 顺序结构

顺序结构是最简单和基本的程序结构，即程序从程序空间的低地址位向高地址位执行。

2. 选择结构

在选择结构中，程序首先测试一个条件语句，如果条件为“真”则执行某些语句，如果条件为“假”则执行另外一些语句。选择结构可以分为单分支结构及多分支结构，多分支结构又包括串行多分支结构和并行多分支结构。选择语句构成了单片机判断和转移的基础，是模块化程序的重要组成部分。C51 语言常用的选择语句有 if 语句、switch 语句，其中 if 语句有 if…else、if 和 else if 三种形式。

3. 循环结构

循环结构用于处理需要重复执行的代码块，即当某个条件为“真”时，重复执行某些相同的代码块。循环语句一般由循环体（循环代码）和判定条件组成。C51 语言常用的循环语句有 while 语句、do while 语句和 for 语句。

4. break、continue 和 go to 语句

在循环语句的执行过程中，如果需要在满足循环判定条件的情况下跳出代码块，可以使用 break、continue 语句；如果需要从任意地方跳到代码的某个地方，则可以使用 go to 语句。

【技能增值及评价】

通过本项目的学习，你的单片机知识和操作技能肯定有极大的提高，请花一点时间加以总结，看看自己在哪些方面得到了提升，哪些方面仍需加油，在自我评价的基础上，还可以让教师或同学进行评价，这样的评价更客观，请填写表 3-16。

表 3-16　技能增值及评价表

评价方向	评价内容	自我评价	小组评价
理论知识	简述单片机程序程序结构的种类		
实操技能	制作一个可以对小数进行加、减、乘、除运算的简易计算器： 1. 绘制单片机电路原理图正确，单片机能正常工作，得 10 分 2. 绘制矩阵式按键电路正确，得 10 分 3. 绘制数码管电路正确，得 10 分 4. 编写单片机程序正确，数码管能显示小数，得 20 分 5. 编写单片机程序正确，数码管能显示经过计算的小数，得 50 分		

注：理论知识可以从“优秀”“一般”“仍需努力”方面进行评价。

项目四

单片机控制电动机

一、技能目标

能用 Proteus 绘制电动机控制电路图。
能正确编写控制电动机转动的 C 语言程序。

二、知识目标

掌握实现直流电动机正反转的控制方法。
掌握控制步进电动机转动的相关知识。
掌握采用 PWM 信号控制舵机正反转的相关知识。

任务一　控制直流电动机运动

通过本任务，了解用单片机控制直流电动机运动的电路及程序设计过程，包括原理图的绘制、编程及仿真运行；了解继电器控制方法；并学习单片机的 C 语言程序设计。

【任务布置】

本任务的学习内容见表 4-1。

表 4-1　任务布置

任务名称	控制直流电动机运动	学习时间	2 学时
任务描述	通过单片机用按键控制直流电动机正反转		

【任务分析】

1. 点按 S1，控制直流电动机停止运行。

2. 点按 S2 或 S3，控制直流电动机正转或反转。

3. P2.0 和 P2.1 分别控制继电器 RL1 和 RL2 的通断，从而控制直流电动机的正转或反转。

【任务实施】

根据任务分析，设计出硬件电路图，在 Proteus 上进行绘制，然后在 Keil 软件中采用 C 语言对单片机进行编程，使用 Proteus 进行仿真和调试。

活动 1 绘制电路原理图

控制直流电动机正反转电路图如图 4-1 所示。

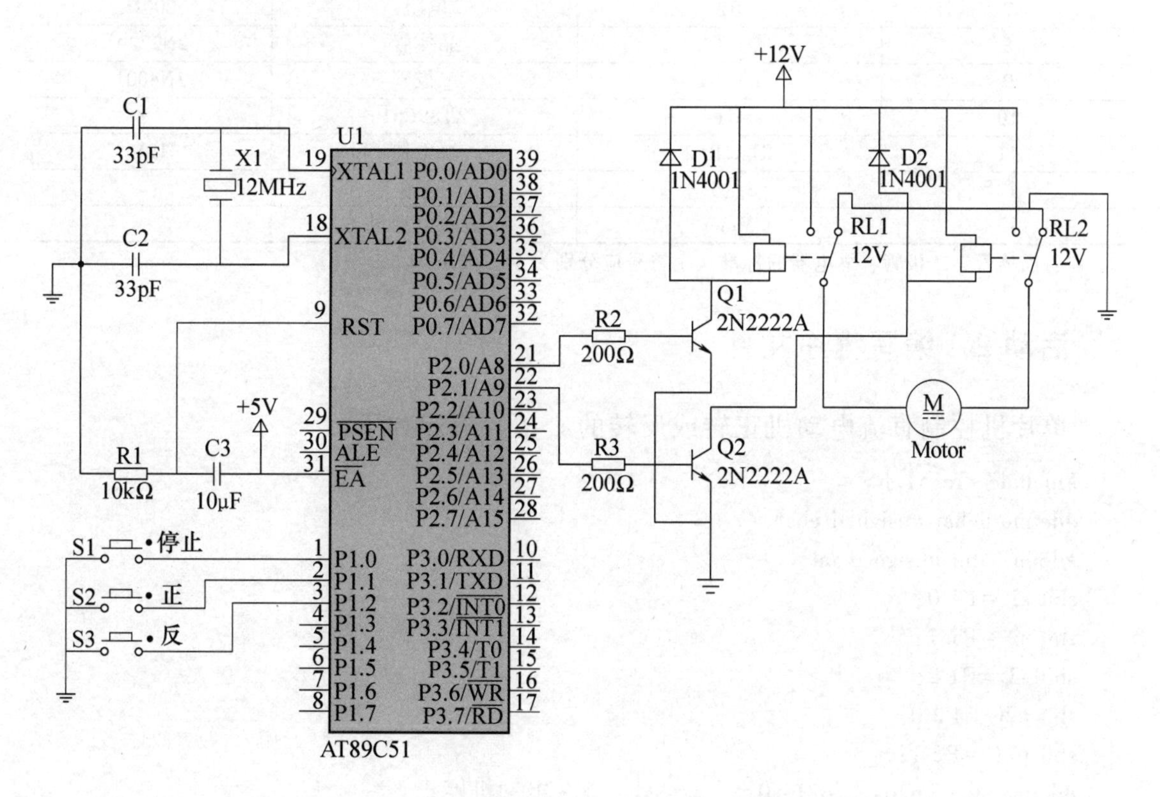

图 4-1 控制直流电动机正反转电路图

按键 S1、S2、S3 分别连接 P1.0、P1.1、P1.2，控制电动机停止、正转和反转。Q1、Q2 为继电器 RL1、RL2 的驱动电路，用输出端 P2.0、P2.1 的高、低电平控制 Q1、Q2 的导通、截止，从而控制继电器 RL1、RL2 的通断，达到控制电动机正反转的目的。相关工作过程：①当点按 S1 时，P2.0、P2.1 同为高电平或低电平，电动机两端同为高电平或低电平，因此，停止转动。②当点按 S2 时，P2.0=1，P2.1=0，Q1 导通、Q2 截止，继电器 RL1 动作开关接 12V 电压，使电动机正转。③当点按 S3 时，P2.0=0，P2.1=1，Q1 截止、Q2 导通，继电器 RL2 动作开关接 12V 电压，使电动机反转。

电路图中的元器件参数见表 4-2。

表 4-2 元器件参数

序号	元器件符号	元器件型号	备注
1	C1	电容	33pF
2	C2	电容	33pF
3	C3	电解电容	10μF
4	X1	晶振	12MHz
5	R1	电阻	10kΩ
6	R2	电阻	200Ω
7	R3	电阻	200Ω
8	Q1、Q2	晶体管	2N222A
9	D1、D2	二极管	1N4001
10	U1	AT89C51	
11	RL1、RL2	继电器	12V
12	S1、S3	按键	
13	Motor	直流电动机	

注：晶体管、二极管、继电器的标准文字符号应分别为 VT、VD、KA。

活动 2 编写程序文件

单片机控制直流电动机正转或反转的 C 语言程序如下：

```
#include <reg51.h>
#define uchar unsigned char
#define uint unsigned int
sbit s1 =P1^0;
sbit s2 =P1^1;
sbit s3 =P1^2;
sbit p20 =P2^0;
sbit p21 =P2^1;
#define stop {p20=0;p21=0;}              /*电动机停止*/
#define MCW  {p20=1;p21=0;}              /*电动机正转*/
#define MCCW {p20=0;p21=1;}              /*电动机反转*/
main()
{
```

```
uchar tp;
    while(1)
    {
      if(s1==0)tp=0;
      if(s2==0)tp=1;
      if(s3==0)tp=2;
      switch(tp)
      {
        case 0: stop; break;              /*电动机停止*/
        case 1: MCW; break;               /* 电动机正转 */
        case 2: MCCW; break;              /*电动机反转*/
      }
    }
}
```

活动 3　仿真运行

编写好程序文件后，生成 hex 文件，在 Proteus 的单片机中加载该 hex 文件，点按 S1、S2、S3 按键，观察电动机的转动方向。

【知识链接】

一、直流电动机

直流电动机由于具有良好的调速性能、控制简单、效率高等优点而得到了广泛应用。直流电动机的正反转只需改变其电刷电源的正负极性即可。直流电动机的符号与图片如图 4-2 和图 4-3 所示。

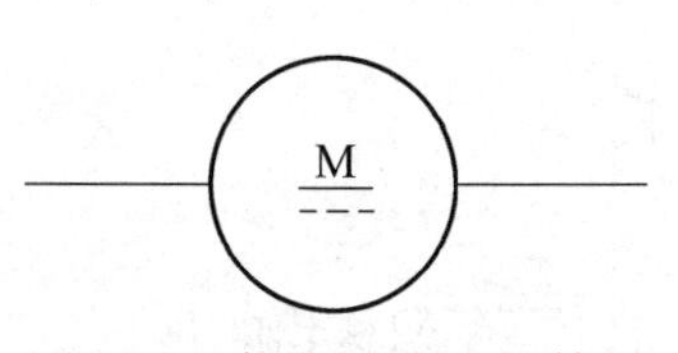

图 4-2　直流电动机的符号

图 4-3　直流电动机的图片

二、电磁继电器

电磁继电器是一种电子控制器件，它实际上是用较小的电流或电压去控制较

大电流或电压的一种“自动开关”，故在电路中起着自动调节、安全保护、转换电路等作用。若要用单片机来控制不同电压或较大电流的负载（如电动机），则可通过继电器（RELAY）来达到控制目的。

图 4-4 所示为常用的电磁继电器及其引脚。这种电磁继电器所使用的电压有 DC12V、DC9V、DC6V、DC5V 等，通常会直接标示在上面。

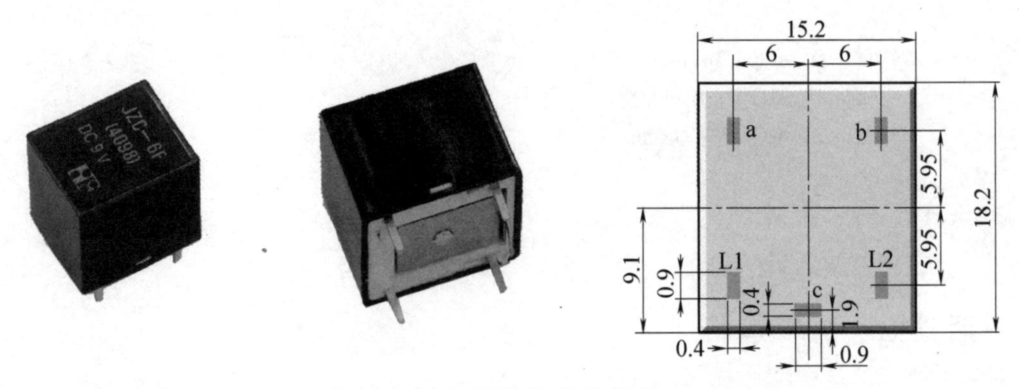

图 4-4 继电器实物及其引脚

电磁继电器内部一般由铁心、线圈、衔铁、触点簧片等组成。只要在线圈两端加上一定的电压，线圈中就会流过一定的电流，从而产生电磁效应，衔铁就会在电磁力吸引的作用下克服返回弹簧的拉力吸向铁心，从而带动衔铁的动触点与静触点（常开触点）吸合。当线圈断电后，电磁的吸力也随之消失，衔铁就会在弹簧的反作用力下返回原来的位置，使动触点与原来的静触点（常闭触点）释放。这样吸合、释放，从而达到了在电路中的导通、切断的目的。对于继电器的“常开”“常闭”触点，可以这样来区分：继电器线圈未通电时处于断开状态的静触点，称为“常开触点”，如图 4-5 中 a 点所示；处于接通状态的静触点称为“常

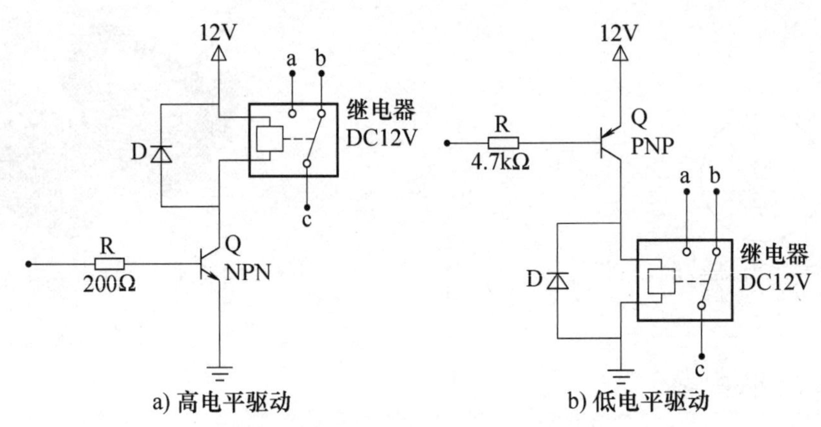

图 4-5 电磁继电器使用晶体管驱动电路

闭触点”，如图 4-5 中 b 点所示。电磁继电器一般有两股电路，为低压控制电路和高压工作电路。图 4-5 所示为电磁继电器使用晶体管驱动电路。

另外，由于线圈属于电感性负载，当晶体管截止时，线圈会产生很高的反向电动势，容易使晶体管击穿，所以并接二极管 D 提供放电通路，以达到保护晶体管的目的。

【技能增值及评价】

通过本任务的学习，你的单片机知识和操作技能有哪些提高，请花一点时间加以总结，看看自己在哪些方面得到了提升，哪些方面仍需加油，在自我评价的基础上，还可以让教师或同学进行评价，这样的评价更客观，请填写表 4-3。

表 4-3 技能增值及评价表

评价方向	评价内容	自我评价	小组评价
理论知识	简述采用单片机控制直流电动机正反转的方法		
实操技能	制作一个电动机，能够通过计时控制其正反转： 1. 绘制单片机电路原理图正确，单片机能正常工作，得 10 分 2. 绘制直流电动机正反转电路正确，得 40 分 3. 编写单片机定时程序正确，得 20 分 4. 编写单片机程序正确，定时控制电动机正反转，得 30 分		

注：理论知识可以从“优秀”“一般”“仍需努力”方面进行评价。

任务二 控制步进电动机运动

通过本任务，了解用单片机控制步进电动机运动的电路及程序设计过程，包括原理图的绘制、编程及仿真运行；并学习用单片机控制的 C 语言程序设计。

【任务布置】

本任务的学习内容见表 4-4。

表 4-4 任务布置

任务名称	控制步进电动机运动	学习时间	4 学时
任务描述	通过单片机用按键控制步进电动机的正反转及转速		

【任务分析】

1. 点按 S1，控制步进电动机停止运行。
2. 点按 S2 或 S3，控制步进电动机正转或反转。

3. 点按 S4，控制步进电动机转速变化。

4. P2.0、P2.1、P2.2、P2.3 为输出端口，经驱动电路控制步进电动机转动。

【任务实施】

根据任务分析，设计出硬件电路图，在 Proteus 上进行绘制，然后在 Keil 软件中采用 C 语言对单片机进行编程，使用 Proteus 进行仿真和调试。

活动 1　绘制电路原理图

控制步进电动机正反转电路图如图 4-6 所示。电路中 S1、S2、S3、S4 分别连接 P1.0、P1.1、P1.2、P1.3，作为控制按键，输出端口 P2.0、P2.1、P2.2、P2.3 经驱动电路 ULN2003A 控制步进电动机转动。其信号输出依次为：

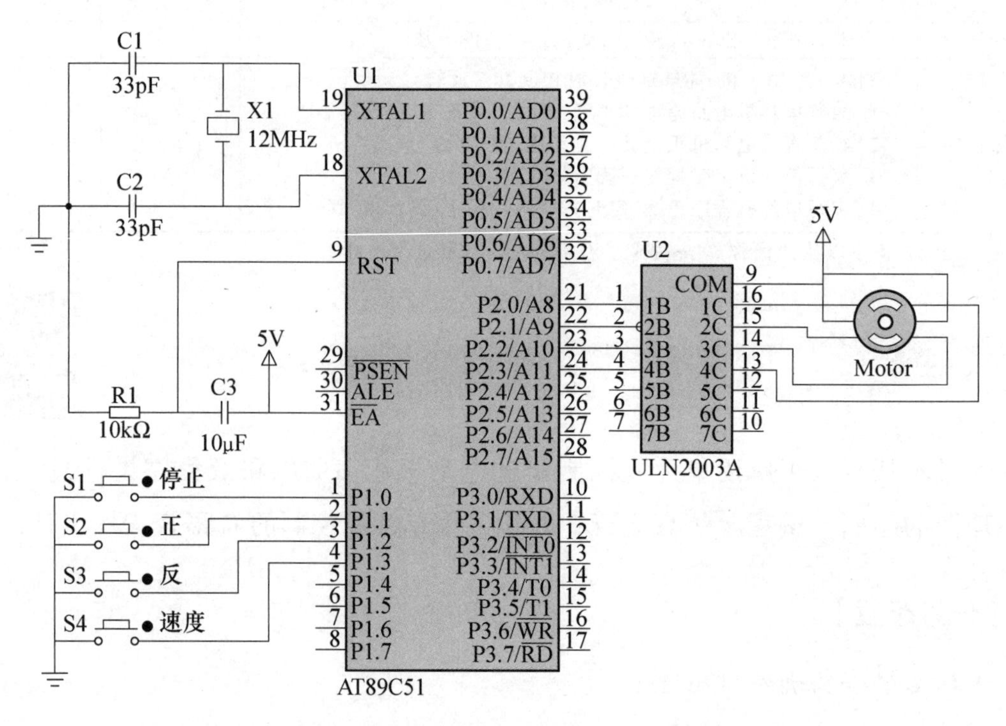

图 4-6　控制步进电动机正反转电路图

1100→0110→0011→1001（正转）　即（0x0c，0x06，0x03，0x09）

1100→1001→0011→0110（反转）　即（0x0c，0x09，0x03，0x06）

每输出一组数据加上延时后再传送下一组数据，反复输出这几组数据即可控制步进电动机转动，改变延时时间，可改变转动速度。若要步进电动机停止转动，传送一组固定数据即可（如 0xff）。

电路图中的元器件参数见表 4-5。

表 4-5　元器件参数

序号	元器件符号	元器件型号	备注
1	C1	电容	33pF
2	C2	电容	33pF
3	C3	电解电容	10μF
4	X1	晶振	12MHz
5	R1	电阻	10kΩ
6	S1～S4	按键	
7	U1	AT89C51	
8	U2	ULN2003A	
9	Motor	步进电动机	

活动 2　编写程序文件

单片机控制步进电动机正转或反转的 C 语言程序如下：

```
#include <reg51. h>
#define uchar unsigned char
#define uint unsigned int
sbit s1=P1^0;sbit s2=P1^1;sbit s3=P1^2;sbit s4=P1^3;
uchar R=5,f; //R 用于调速控制,5 为初值;f=0 不转;f=1 正转; f=2 反转
uchar CW[4]={0x0c,0x06,0x03,0x09};        //输出正转数据
uchar CCW[4]={0x0c,0x09,0x03,0x06};       //输出反转数据
void delay(uint i )                       //延时子程序
{
    while(i--);
}
main()
{
uchar i,j;
while(1)
{
        if(s1==0)f=0;
        if(s2==0)f=1;
        if(s3==0)f=2;
        if(f==0)P0=0xff;                  //停止不转
        if(f==1)                          //正转
        {
        for(i=0;i<=3;i++)
    {
    P2=CW[i];                             //输出正转数据
    for(j=0;j<=R;j++)                     //控制延时次数,用延时时间调节转速
```

```
    {delay(1000);}
   }
     }
  if(f==2)                                  //反转
   {
  for(i=0;i<=3;i++)
     {
       P2=CCW[i];                           //输出反转数据
     for(j=0;j<=R;j++)                      //延时次数,控制延时时间
     {delay(1000);}                         //延时
     }
   }
  if(s4==0)
     {delay(50);                            //延时消抖
       if(s4==0)
       {
         R=R+3;                             //改变延时次数
         if(R>20)R=5;
       }
       while(s4==0);                        //松手检测
     }
}
}
```

活动3　仿真运行

编写好程序文件后，生成hex文件，在Proteus的单片机中加载该hex文件，点按S1、S2、S3按键，观察步进电动机的转动方向，点按S4按键，观察步进电动机的转动速度。

【知识链接】

1. 步进电动机的特点

步进电动机是将电脉冲信号转变为角位移或线位移信号的开环控制元件。在非超载的情况下，电动机的转速、停止的位置只取决于脉冲信号的频率和脉冲数，而不受负载变化的影响，当步进驱动器接收到一个脉冲信号时，它就驱动步进电动机按设定的方向转动一个固定的角度（称为“步距角”），它的旋转是以固定的角度一步一步运行的。可以通过控制脉冲个数来控制角位移量，从而达到准确定位的目的；同时还可以通过控制脉冲频率来控制电动机转动的速度和加速度，从

而达到调速的目的。步进电动机可以作为一种控制用的特种电动机，利用其没有积累误差（精度为100%）的特点，使得速度、位置等控制领域用步进电动机结合单片机来控制变得非常简单，其应用也越来越广泛。

2. 步进电动机的分类与结构

现在比较常用的步进电动机分为三种：反应式步进电动机（VR）、永磁式步进电动机（PM）、混合式步进电动机（HB）。常用小型步进电动机实物如图4-7所示。

图4-7　步进电动机实物

步进电动机的结构与一般电动机类似，除了托架、外壳之外，就是转子和定子，不同的是其转子和定子上有许多细小的齿，如图4-8所示。步进电动机的转子由永磁铁制成，定子上有多相励磁绕组，根据绕组的配置，可分为2相、4相、5相。比较常用的是2相5线的步进电动机，如图4-9所示。其中绕组的中间抽头连接一起，使用时可连接电源。另外，4相步进电动机由四组绕组构成，5相步进电动机由五组绕组构成。步进电动机的转子利用定子绕组磁导的变化产生转矩，从而引起一步一步地转动。

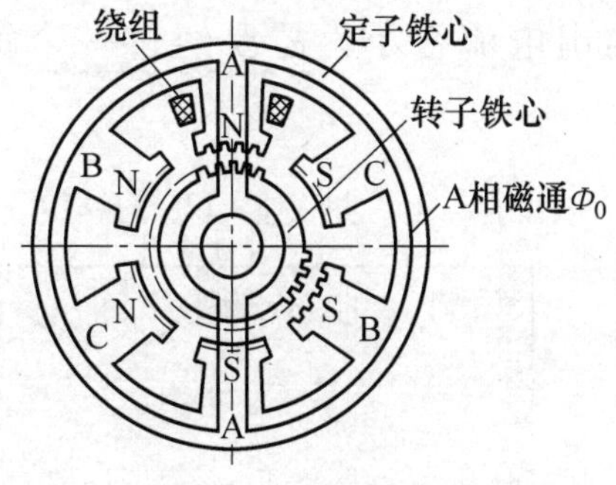

图4-8　步进电动机的基本结构

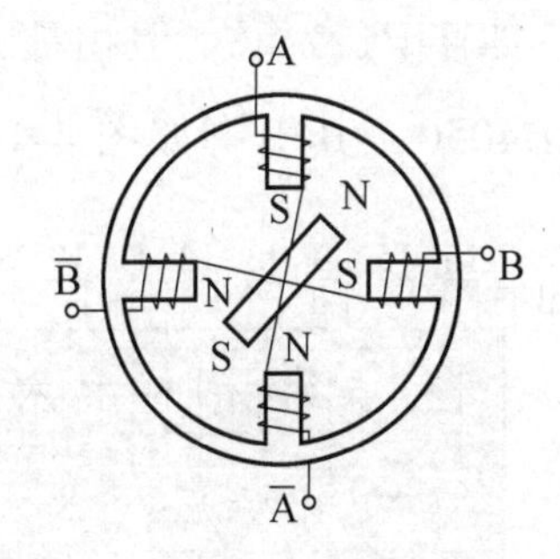

图4-9　2相步进电动机定子绕组

3. 步进电动机驱动控制系统

步进电动机驱动控制系统框图如图4-10所示。

（1）脉冲信号的产生　脉冲信号由单片机的I/O口产生，脉冲信号的占空比一般为0.3~0.4，电动机转速越高占空比越大。

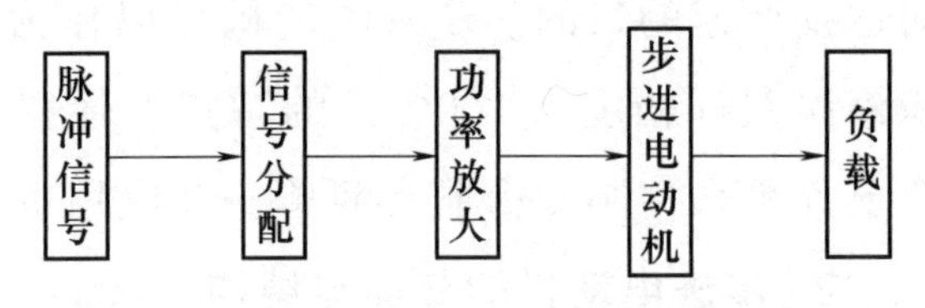

图4-10　步进电动机驱动控制系统框图

（2）信号分配　以2相步进电动机为例，工作方式为二相四拍。电动机正反转的环形脉冲分配表见表4-6。

可以把表中信号作为数组存入，即正转“0xc0、0x06、0x03、0x09”，反转“0xc0、0x09、0x03、0x06”，再依次从数组中读出，经一小段时间延时，让步进电动机有足够时间建立磁场及转动，然后反复循环。

表4-6　正反转的环形脉冲分配表

正转环形脉冲					反转环形脉冲				
步数	P2.0	P2.1	P2.2	P2.3	步数	P2.0	P2.1	P2.2	P2.3
1	1	1	0	0	1	1	1	0	0
2	0	1	1	0	2	1	0	0	1
3	0	0	1	1	3	0	0	1	1
4	1	0	0	1	4	0	1	1	0

（3）功率放大　功率放大是驱动系统最为重要的部分。因为单片机的输出电流很小，难以驱动步进电动机，必须另外设置驱动电路。因为仿真系统使用的是小型步进电动机，对电压和电流要求不是很高，为了说明应用原理，故采用最简单的驱动电路，目的在于验证对步进电动机的控制。在实际应用中，对于电流小于0.5A的小型步进电动机驱动电路，可以用ULN2003或ULN2803，其内部结构及引脚如图4-11所示。

如果是驱动电流大、带负载能力强的步进电动机，则要用中功率的达林顿晶体管，如TIP122等。但由于单片机I/O口输出电流很小，需要经过一个缓冲器（如CD4050，其引脚如图4-12所示）。

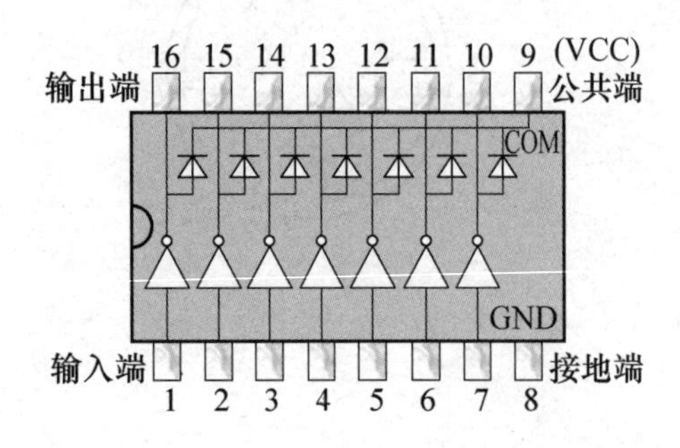

图4-11　ULN2003的内部结构及引脚

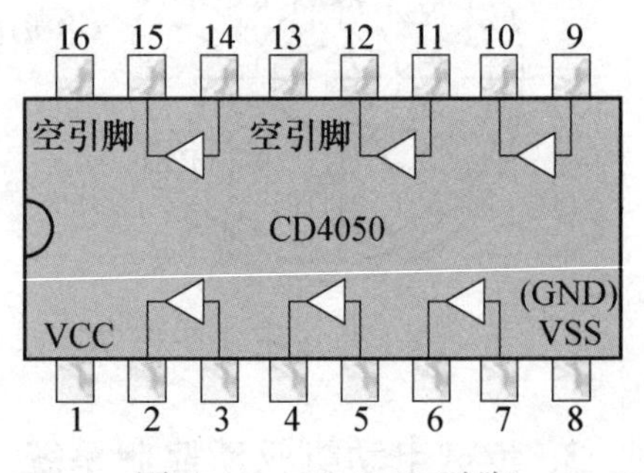

图4-12　CD4050引脚

【技能增值及评价】

通过该任务的学习，你的单片机知识和操作技能有哪些提高，请花一点时间加以总结，看看自己在哪些方面得到了提升，哪些方面仍需加油，在自我评价的基础上，还可以让教师或同学进行评价，这样的评价更客观，请填写表 4-7。

表 4-7　技能增值及评价表

评价方向	评价内容	自我评价	小组评价
理论知识	简述采用单片机控制步进电动机转动快慢的方法		
	简述采用单片机控制步进电动机正反转的方法		
实操技能	制作一个步进电动机，能够通过计时控制速度： 1. 绘制单片机电路原理图正确，单片机能正常工作，得 10 分 2. 绘制步进电动机运行电路正确，得 30 分 3. 编写单片机定时程序正确，得 20 分 4. 编写单片机程序正确，定时控制步进电动机速度变化，得 40 分		

注：理论知识可以从“优秀”“一般”“仍需努力”方面进行评价。

任务三　控制舵机运动

通过本任务，了解用单片机控制舵机运动的设计过程，包括原理图的绘制、编程及仿真运行；了解单片机输出 PWM 信号控制舵机运动；学习单片机的 C 语言程序设计。

【任务布置】

本任务的学习内容见表 4-8。

表 4-8　任务布置

任务名称	控制舵机运动	学习时间	2 学时
任务描述	通过单片机输出 PWM 信号控制舵机正反转		

【任务分析】

点按 S1，控制舵机正转；点按 S2，控制舵机反转。

【任务实施】

根据任务分析，设计出硬件电路图，在 Proteus 上进行绘制，然后在 Keil 软件中采用 C 语言对单片机进行编程，使用 Proteus 进行仿真和调试。

活动 1 绘制电路原理图

控制舵机正反转电路图如图 4-13 所示。舵机电源两引脚接电源，控制引脚接单片机引脚 P2. 0。

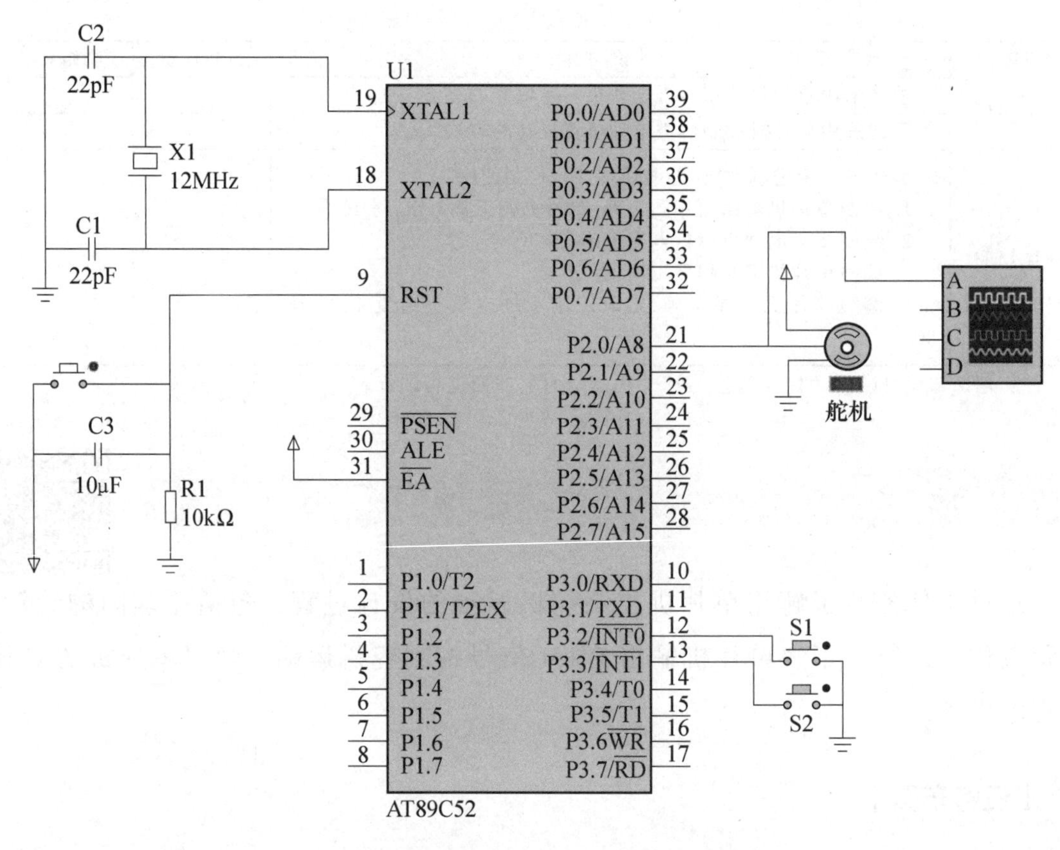

图 4-13 控制舵机正反转电路图

活动 2 编写程序文件

单片机控制舵机正反转的 C 语言程序如下：

```
#include <reg52. h>
#include <string. h>
#define uchar unsigned char
#define uint unsigned int
                                    //引脚定义
sbit KEY1 = P3^2;                   // 正转按键
sbit KEY2 = P3^3;                   // 反转按键
sbit PWM_OUT = P2^0;                //舵机控制引脚
```

```
                                //函数声明
void delayms(uint);
                                //变量定义
uchar PWM_IN=15;
                                //主函数
void main()
{
    /* 系统初始化 */
    //定时器1初始化,0.1s定时
    TMOD=0x10;
    TH1=(65536-100)/256;
    TL1=(65536-100)%256;
    TR1  =1;
    ET1  =1;
    EA   =1;                    //开中断
    /* 主程序流程 */
    while(1)
    {
        if(! KEY1)              //角度调整
        {
            delayms(5);
            if(! KEY1)
            {
                if(PWM_IN<25)
                {
                    while(! KEY1);
                    PWM_IN++;
                }
            }
        }
        if(! KEY2)
        {
            delayms(5);
            if(! KEY2)
            {
                if(PWM_IN>5)
                {
                    while(! KEY2);
                    PWM_IN--;
                }
            }
        }
    }
```

```
}
void timer0( ) interrupt 3              //定时器 1 的一个周期为 0.1ms
{
    static uchar count = 0;
    //通过下面指令执行一个周期为 12μs,从而得到 0.1ms 定时时间
    TH1 = (65536-88)/256;
    TL1 = (65536-88)%256;
    if( count<PWM_IN)
        PWM_OUT = 1;
    else
        PWM_OUT = 0;
    count++;
    if( count> = 200) count = 0;
}
void delayms( uint j)                   //毫秒级别函数
{
    uchar i;
    for( ;j>0;j--)
    {
    i = 250;
    while( --i);
    i = 249;
    while( --i);
    }
}
```

活动 3　仿真运行

编写好程序文件后，生成 hex 文件，在 Proteus 的单片机中加载该 hex 文件，点按 S1、S2 按钮，观察舵机的转动方向。

【知识链接】

舵机是伺服电动机的一种简化版本，常常应用在航模、小型机器人等领域，一般来说比较小型、简化和廉价，并附带减速机构，如图 4-14 所示。

舵机的控制一般需要一个 20ms 左右的时基脉冲，该脉冲的高电平部分一般为 0.5~2.5ms 的角度控制脉冲，总间隔为 2ms。控制线通过接收 PWM 信号，调整舵机转动。舵机的角度由被施加到控制线的脉冲的持续时间来确定，如图 4-15 所示。

图 4-14 常用舵机实物图

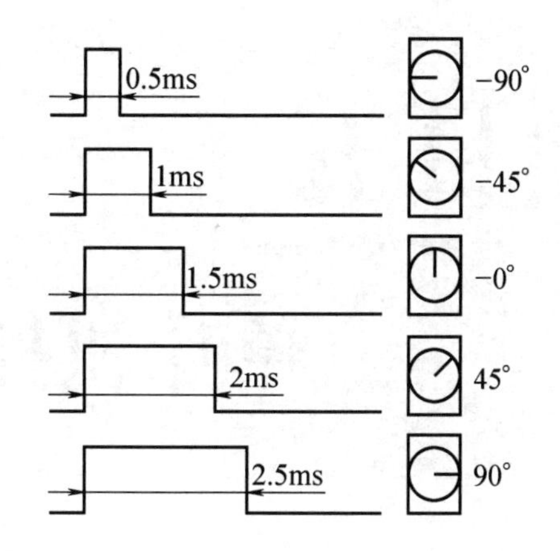

图 4-15 舵机输入信号脉冲宽度与输出转角的关系

【技能增值及评价】

通过本任务的学习，你的单片机知识和操作技能有哪些提高，请花一点时间加以总结，看看自己在哪些方面得到了提升，哪些方面仍需加油，在自我评价的基础上，还可以让教师或同学进行评价，这样评价就更客观了，请填写表 4-9。

表 4-9 技能增值及评价表

评价方向	评价内容	自我评价	小组评价
理论知识	简述采用单片机控制舵机正反转的方法		
实操技能	制作一个舵机，能够通过计时控制速度变化： 1. 绘制单片机电路原理图正确，单片机能正常工作，得 10 分 2. 绘制舵机运行电路正确，得 30 分 3. 编写单片机定时程序正确，得 20 分 4. 编写单片机程序正确，定时控制舵机速度变化，得 40 分		

注：理论知识可以从“优秀”“一般”“仍需努力”方面进行评价。

项目五

单片机控制显示

一、技能目标

学会用 Proteus 绘制单片机控制 8×8LED 点阵、RT1602 液晶屏、128×64 液晶屏显示电路图。

学会正确编写单片机控制各种显示方式的 C 语言程序。

二、知识目标

掌握用单片机实现控制 8×8LED 点阵的显示方法。

掌握 RT1602 液晶屏、128×64 液晶屏显示的相关知识。

任务一　控制 8×8LED 点阵显示

通过本任务，了解用单片机控制 8×8LED 点阵显示数字 0~9 的设计过程，包括原理图的绘制、编程及仿真运行；学习用单片机控制的 C 语言程序设计。

【任务布置】

本任务的学习内容见表 5-1。

表 5-1　任务布置

任务名称	控制 8×8LED 点阵显示	学习时间	2 学时
任务描述	通过单片机控制 8×8LED 点阵显示数字 0~9		

【任务分析】

1. 利用取模软件取得显示点阵字符 0~9 的数据（称为字模数据）。

2. 用单片机 P0 口分别发送行列数据到相关锁存器 74HC573。

3. P3.0 和 P3.1 分别控制 74HC573 的 LE 脚。当 LE 为高电平时，D 端数据被传递到其输出端 Q。当 LE 为低电平时，Q 端数据被保持，不受 D 端影响。

4. 要点亮点阵中相应的 LED，发送的行列数据都是高电平有效。

【任务实施】

根据任务分析，设计出硬件电路图，在 Proteus 上进行绘制，然后在 Keil 软件中采用 C 语言对单片机进行编程，使用 Proteus 进行仿真和调试。

活动 1　绘制电路原理图

单片机控制 8×8LED 点阵显示电路图如图 5-1 所示。RP1 为 P0 口的上拉电阻，阻值设为 10kΩ，单片机控制 8×8LED 点阵每一行数据，从 P0 口输出到 U1 的 D 端，当 LE 为高电平时，传递到其输出端 Q，因实际 LED 显示需要足够的电流驱动，所以经非门（74LS04）驱动 8×8LED 点阵相应一行的 LED。而每一行对应字符的数据（称为字模），由 P0 口输出到 U2 的 D 端，当其 LE 端为高电平时，传递到其输出端 Q，送到 8×8LED 点阵的列，高电平有效，可以点亮相应的 LED。由于当 LE 为低电平时，Q 端数据被保持，不受 D 端影响，这样可以通过程序去控制 P0 口的数据和相应 LE 脚的高低电平，对 8×8LED 点阵的行列扫描一次即可实现字符显示，如显示数字“0”的点阵代码为 0x0E、0x11、0x19、0x15、0x13、0x11、0x0E、0x00。

按行输出代码，快速反复循环扫描，利用人眼的视觉暂留效果，就可以显示出一个“0”。

电路图中的元器件参数见表 5-2。

表 5-2　元器件参数

序号	元器件符号	元器件型号	备注
1	U1、U2	74HC573	
2	U4	AT89C52	
3	RP1	排阻	10kΩ
4	LED1	8×8 点阵	
5	U3	74LS04	

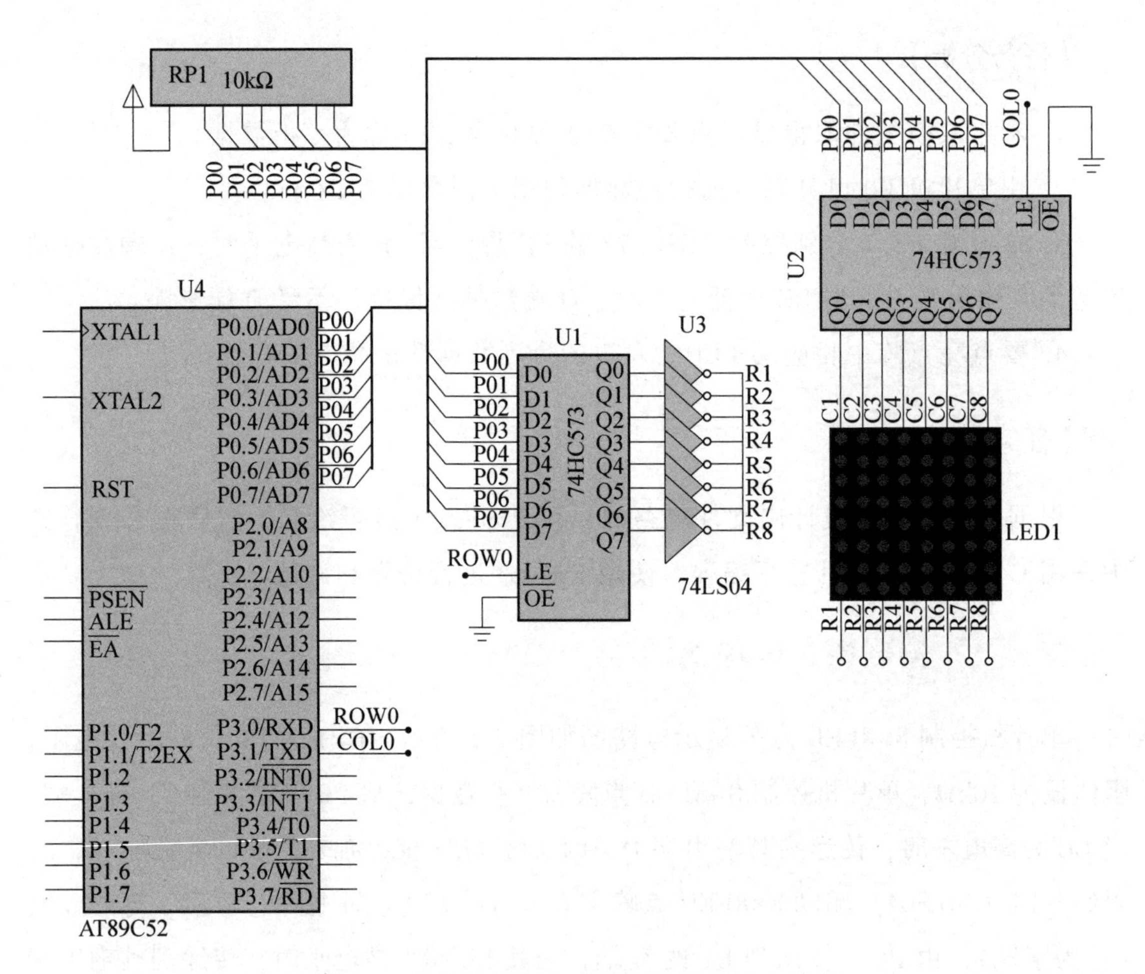

图 5-1 单片机控制 8×8LED 点阵显示电路图

活动 2 编写程序文件

单片机控制 8×8LED 点阵显示的 C 语言程序如下：

```
#include<reg51. h>
sbit row0 = P3^0;                                   //控制 U1 的 LE 脚
sbit col0 = P3^1;                                   //控制 U2 的 LE 脚
unsigned char code  led[ ][ 8 ] =                   //取字模
{  0x0E,0x11,0x19,0x15,0x13,0x11,0x0E,0x00,        // -0-

   0x04,0x06,0x04,0x04,0x04,0x04,0x0E,0x00,        // -1-

   0x0E,0x11,0x10,0x0C,0x02,0x01,0x1F,0x00,        // -2-

   0x1F,0x10,0x08,0x0C,0x10,0x11,0x0E,0x00,        // -3-
```

```
    0x08,0x0C,0x0A,0x09,0x1F,0x08,0x08,0x00,     // -4-

    0x1F,0x01,0x0F,0x10,0x10,0x11,0x0E,0x00,     // -5-

    0x1C,0x02,0x01,0x0F,0x11,0x11,0x0E,0x00,     // -6-

    0x1F,0x10,0x08,0x04,0x02,0x02,0x02,0x00,     // -7-

    0x0E,0x11,0x11,0x0E,0x11,0x11,0x0E,0x00,     // -8-

    0x0E,0x11,0x11,0x1E,0x10,0x08,0x07,0x00,     // -9-
    };
void delay(unsigned int i)
        {
        while(i--);
        }
void disp()
{
    unsigned char x,h,i,k;                       //x为显示的数字,h为行数据,i为第
                                                   几行,k为重复显示次数
  for(k=0;k<100;k++)
    {
    h=0x01;                                      //显示第一行扫描数据
    for(i=0;i<8;i++)                             //共8行
     {
      P0=0x00; row0=col0=1; row0=col0=0;         //消屏
        P0=h; row0=1; row0=0;                    //控制行数据输出
        P0=led[x][i];                            //相应字模数据输出到列
          col0=1;col0=0;
          delay(100);                            //显示延时
        h=h<<1;                                  //移下一行
      }
    }
    x=(x+1)%10;                                  //取0~9数字显示
}
void main()
    {
    while(1)
    {
    disp();                                      //扫描显示
    }
}
```

活动 3 仿真运行

编写好程序文件后，生成 hex 文件，在 Proteus 的单片机中加载该 hex 文件，单击“运行”，即可观察 8×8LED 点阵显示的数字变化。

【知识链接】

我们经常在车站、银行、机场、体育馆、商场等公共场合，看到 LED 显示屏，显示各种相关公共信息。LED 屏以其使用寿命长、环境适应能力强、亮度高、可视角大等优点受到用户的青睐。在本任务中用的是最简单、最小的 LED 显示屏，即 8×8LED 点阵，为进一步学习其使用方法，这里主要介绍其结构及引脚。

1. 8×8LED 点阵的结构示意图

8×8LED 点阵的内部结构图如图 5-2 所示。

从图中可以看出，8×8LED 点阵共由 64 个发光二极管组成，每个发光二极管放置在行线和列线的交叉点上，若对应的某一行置 1（高电平），且某一列置 0（低电平），则相应的发光二极管就点亮；因此要用 8×8LED 点阵来显示一个字符或汉字，只需要根据字符或汉字图形中的线条或笔画，通过点亮多个相应发光二极管就可以实现了。但这要通过取模软件来完成，取出字符或汉字需要显示线条或笔画的字模，然后由单片机控制输出驱动显示。

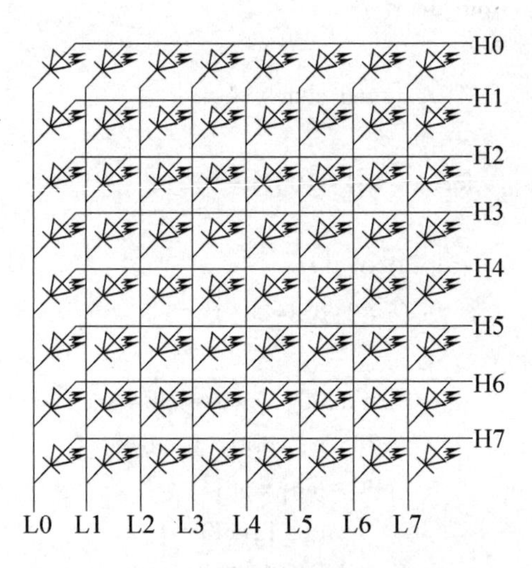

图 5-2 8×8LED 点阵的内部结构图

但是要比较完美地显示汉字信息或图形，单个 8×8LED 点阵模块很难做到，因为 LED 的点数（也称为象数）不够，因此要显示信息量大的汉字或图形，需要 *n* 个 8×8LED 点阵合拼成一个大的显示屏才行。

2. 8×8LED 点阵的封装和引脚

64 个发光二极管按照行共阳、列共阴、8 个一组的方式封装成一个模块，这样就有 8 行、8 列，共 16 个引脚。8×8LED 点阵实物图如图 5-3 所示，点阵符号图如图 5-4 所示。

但 8×8LED 点阵的引脚并不是很有规律，千万不要想象成 1~8 个引脚是行，9~16 引脚是列。而且不同厂家产品的点阵外部引脚排列规律还可能不一样。表 5-3 是常见的 8×8LED 点阵模块引脚对应行、列的关系表。

图 5-3 8×8LED 点阵实物图

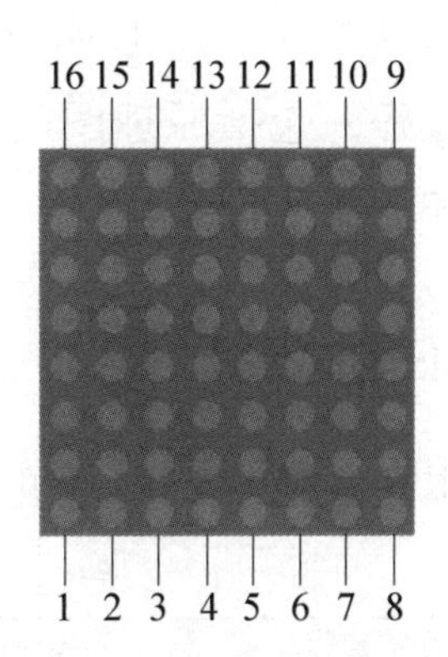

图 5-4 8×8LED 点阵符号图

表 5-3 8×8LED 点阵模块引脚对应行、列关系表

行号	H0	H1	H2	H3	H4	H5	H6	H7
引脚号	9	14	8	12	1	7	2	5
列号	L0	L1	L2	L3	L4	L5	L6	L7
引脚号	13	3	4	10	6	11	15	16

当拿到一块新的 8×8LED 点阵时，可以用万用表先按表中引脚进行检测，与表中不相同时可按型号上网查找相关资料。

【技能增值及评价】

通过本任务的学习，你的单片机知识和操作技能会有很大的提高，请花一点时间加以总结，看看自己在哪些方面得到了提升，哪些方面仍需加油，在自我评价的基础上，还可以让教师或同学进行评价，这样的评价更客观，请填写表 5-4。

表 5-4 技能增值及评价表

评价方向	评价内容	自我评价	小组评价
理论知识	简述通过点阵引脚检测 8×8LED 的方法		
实操技能	采用单片机控制 8×8LED 点阵显示“a,b,c,d,e,f”： 1. 绘制单片机电路原理图正确，单片机能正常工作，得 10 分 2. 绘制点阵电路正确，得 30 分 3. 编写单片机程序正确，点阵能显示“a,b,c,d,e,f”字符，得 40 分 4. 编写单片机程序正确，点阵能显示“a,b,c,d,e,f”字符并进行切换，得 20 分		

注：理论知识可以从“优秀”“一般”“仍需努力”方面进行评价。

任务二 控制 RT1602 液晶显示器

通过本任务，了解用单片机控制 RT1602 液晶显示器显示字符的设计过程，包括原理图的绘制、编程及仿真运行；学习用单片机控制的 C 语言程序设计方法。

【任务布置】

本任务的学习内容见表 5-5。

表 5-5 任务布置

任务名称	控制 RT1602 液晶显示器	学习时间	4 学时
任务描述	通过单片机控制 RT1602 液晶显示器实现字符串和实时时钟显示		

【任务分析】

1. 点按 S1，用于设定调节“时、分、秒”时间功能和停止、开始计时功能。

2. 点按 S2，用于调节“时、分、秒”加 1 功能。

3. 点按 S3，用于调节“时、分、秒”减 1 功能。

4. P0 口为数据输出端直接连接液晶显示器的数据端口，P2.0 和 P2.1 连接液晶显示器的 RS 和 E 端。

【任务实施】

根据任务分析，设计出硬件电路图，在 Proteus 上进行绘制，然后在 Keil 软件中采用 C 语言对单片机进行编程，使用 Proteus 进行仿真和调试。

活动 1 绘制电路原理图

单片机控制 RT1602 液晶显示器实现时钟显示电路图如图 5-5 所示。电路中 S1、S2、S3 分别连接 P3.0、P3.1、P3.2 作为控制按键，用于调节时间。P0 口输出端直接连接液晶显示器的数据端 D0~D7。P2.0、P2.1 接 RS 和 E 端。

本任务中，单片机控制 RT1602 液晶显示器显示的功能是：第一行显示字符串“The time is:”；第二行实时时钟显示，用开关 S1、S2、S3 进行当前时间调节。方法：点按 S1 用来设定秒、分、时，通过 S2 或 S3 进行加 1 或减 1 的数字变

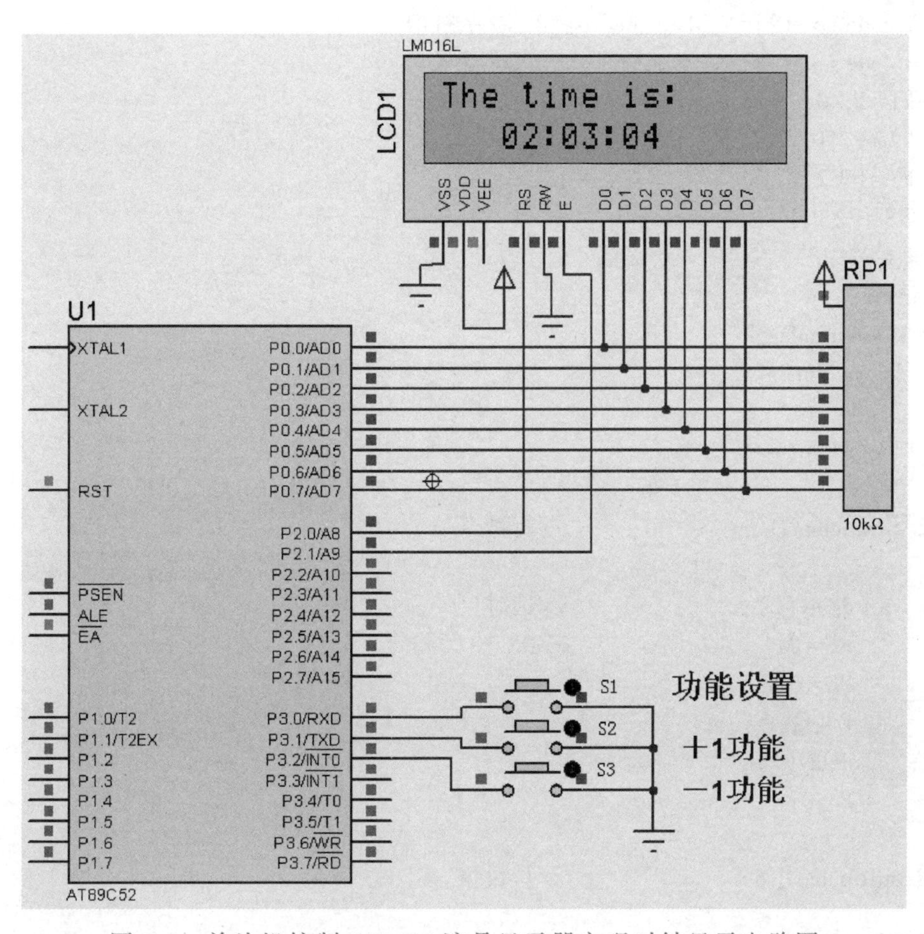

图 5-5　单片机控制 RT1602 液晶显示器实现时钟显示电路图

化，调完后最后点按 S1 重新开始计时。

电路图中的元器件参数见表 5-6。

表 5-6　元器件参数

序号	元器件符号	元器件型号	备注
1	U1	AT89C52	
2	RP1	排阻	10kΩ
3	LCD1	LM016L	1602
4	S1～S3	按键	

活动 2　编写程序文件

单片机控制 RT1602 液晶显示器实现时钟显示的 C 语言程序如下：

```
#include <reg51. h>
#define uint unsigned int
#define   uchar unsigned char
uchar code dat[ ] = { "0123456789" } ;   //0~9 数字
```

```
uchar code str[12]={"The time is:"};//字符串
uchar code mo[]={":"};                //冒号
sbit k1=P3^0;
sbit k2=P3^1;
sbit k3=P3^2;
sbit RS=P2^0;
sbit E=P2^1;
uchar t,s;
char shi,fen,miao;
void delay(uint i)
{
        while(i--);
}
void wrc(uchar com)                //写指令
{
        delay(2);                  //延时
        RS=0;                      //RS=0 写指令
        P0=com;
        E=1;
        delay(2);
        E=0;
}
void wrd(uchar  d)                 //写数据
{
        delay(2);                  //延时
        RS=1;                      //RS=1 写数据
        P0=d;
        E=1;
        delay(2);
        E=0;
}
void init(void)                    //初始化 /*常数定义*/
{
        wrc(0x38);                 //写显示 2 行指令
        wrc(0x0c);                 //写开显示指令
        wrc(0x06);                 //写右移指令
        wrc(0x01);                 //写清屏指令
}
void xianshi0(uchar x,  y,  shu)              //显示 1 个字符
  {                                           //位置,行,数
        if(y==1)
        x=x+0x40;                             //第 2 行+0x40,第 1 行跳过
        x=x+0x80;                             //0x80 为第 0 位地址
```

```
        wrc(x);                                     //写地址
        wrd(shu);                                   // 写数据
}
void xianshi2(uchar x,  y,  n,  uchar * chan)       //显示字符串
{                                                   //位置,行,个数, 字符串
        uchar i;
        if(y==1)
        x=x+0x40;                                   //第 2 行+0x40,第 1 行跳过
        x=x+0x80;                                   //0x80 为第 0 位地址
        for(i=0;i<n;i++)                            //数个字符循环
        {wrc(x+i);                                  //地址+i
        wrd( * chan++);                             //取字符代码,并写入数据
        }
}
void key()                                          //键盘设置调时功能
{
if(k1==0)                                           //S1 设置功能,按下为 0
  {
        delay(200);                                 //延时消抖
        if(k1==0)                                   //再测
        {
        TR0=0;                                      //停止计时
        s++;                                        //时、分、秒功能设定
        if(s==5)                                    //5 个功能
        s=0;
          }
        }
        while(k1==0);                               //检测 S1 是否松手
if(s==1)                                            //功能 1 调秒钟
{
if(k2==0)                                           //S2 为+1 功能
{
        delay(200);
        if(k2==0)
        miao++;                                     //秒+1 功能
        if(miao==60)
        miao=0;
        }
        while(k2==0);                               //检测 S2 是否松手
        if(k3==0)                                   //S3 为-1 功能
        {
        delay(200);
        if(k3==0)
```

```
            miao--;                                   //秒-1 功能
            if(miao==-1)
            miao=59;
            }
            while(k3==0);
            }
    if(s==2)                                          //功能 2 调分钟
    {
            if(k2==0)                                 //分+1 功能
            {
            delay(200);
            if(k2==0)
            fen++;                                    //分+1
            if(fen==60)
            fen=0;
            }
            while(k2==0);
            if(k3==0)                                 //分-1 功能
            {
            delay(200);
            if(k3==0)
            fen--;                                    //分-1
            if(fen==-1)
            fen=59;
            }
            while(k3==0);
            }
    if(s==3)                                          //功能 3 调时钟
    {
      if(k2==0)                                       //时+1 功能
      {
            delay(200);
            if(k2==0)
            shi++;                                    //时+1
            if(shi==24)
            shi=0;
            }
            while(k2==0);
            if(k3==0)                                 //时-1 功能
            {
            delay(200);
            if(k3==0)
            shi--;                                    //时-1
```

```
        if(shi==-1)
        shi=23;
        }
        while(k3==0);
        }
  if(s==4)                                          //功能 4 结束调整时间
  TR0=1;                                            //重新开始计时
}
void main()
{
        TMOD=0x01;                        //定时器 0,方式 1
        TH0=(65536-10000)/256;            //定时 10ms 的初值高 8 位
        TL0=(65536-10000)%256;            //定时 10ms 的初值低 8 位
        EA=1;ET0=1;                       //开定时器 0 中断
        TR0=1;                            //启动计时
        init();                           //初始化
        delay(200);
        xianshi2(0,0,12,str);             //第一行显示字符串"The time is:" ,共 12 个字符
  while(1)
  {
  key();                                  //调用键盘子程序
xianshi0(3,1, dat[shi/10]);               //显示时十位,第二行第 3 位开始
xianshi0(4,1, dat[shi%10]);               //显示时个位
xianshi0(5,1,mo[0]);                      //显示冒号:
xianshi0(6,1, dat[fen/10]);               //显示分十位
xianshi0(7,1, dat[fen%10]);               //显示分个位
xianshi0(8,1,mo[0]);                      //显示冒号:
xianshi0(9,1, dat[miao/10]);              //显示秒十位
xianshi0(10,1, dat[miao%10]);             //显示秒个位
  }
}
void time()interrupt 1                    // 1 为定时器 0 中断子函数
{
  TH0=(65536-10000)/256;                  //重置初值
  TL0=(65536-10000)%256;
  t++;
  if(t==100)                              //计定时 t=100 次为 1s
  {
    t=0; miao++;                          //秒加 1
    if(miao==60)
    {
        miao=0;fen++;                     //分加 1
        if(fen==60)
```

```
            {
            fen=0; shi++;                    //时加 1
            if(shi==24)
            {
            shi=0;
              }
            }
          }
      }
    }
```

活动3 仿真运行

编写好程序文件后，生成 hex 文件，在 Proteus 的单片机中加载该 hex 文件，运行后，点按 S1、S2、S3 按键，调节当前时间，观察液晶显示器的显示情况。

【知识链接】

在日常生活中，我们对液晶显示器并不陌生，液晶显示模块已作为很多电子产品的显示器件，如在计算器、万用表、电子手表及很多家用电器中都可以看到，主要显示的是数字、专用符号和图形。在单片机的人机交流界面中，液晶显示器显示特点：显示质量高、接口简单可靠、操作方便、体积小、重量轻、功耗低，因此常被应用在计算机控制系统中。

这里主要介绍 1602 液晶显示器。

该类显示器是一种字符型液晶显示模块，专门用于显示字母、数字和符号等。1602 液晶显示器实物如图 5-6 所示。

1. 1602LCD 主要技术参数

显示容量为 16×2 个字符；

芯片工作电压为 4.5~5.5V；

工作电流为 2.0mA；

模块最佳工作电压为 5.0V；

字符尺寸为 2.95mm×4.35mm（W×H）。

2. 引脚功能说明

1602 液晶显示器采用标准的 14 引脚（无背光）或 16 引脚（带背光）接口，各引脚说明见表 5-7。

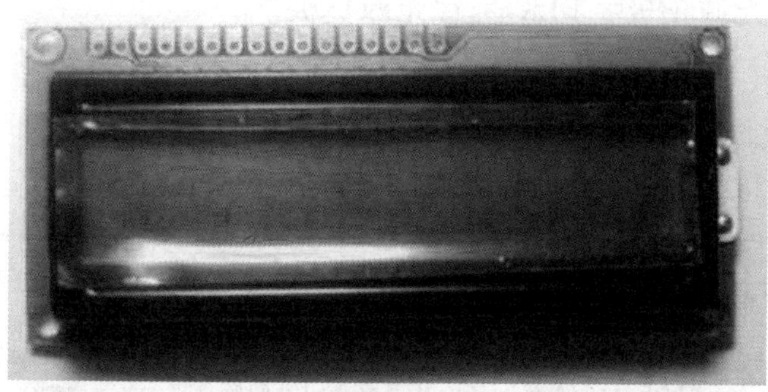

a) 正面

b) 背面

图 5-6　1602 液晶显示器实物

表 5-7　1602 液晶显示器引脚定义

编号	符号	引脚说明	编号	符号	引脚说明
1	VSS	电源地	9	D2	Date I/O
2	VDD	电源正极	10	D3	Date I/O
3	VL	液晶显示偏压信号	11	D4	Date I/O
4	RS	数据/命令选择端(V/L)	12	D5	Date I/O
5	R/W	读/写选择端(H/L)	13	D6	Date I/O
6	E	使能信号	14	D7	Date I/O
7	D0	Date I/O	15	BLA	背光源正极
8	D1	Date I/O	16	BLK	背光源负极

1）两组电源：一组是模块的电源；另一组是背光板的电源，均为 5V 供电。

2）VL 是调节对比度的引脚，调节此脚上的电压可以改变黑白对比度。

3）RS 是数据/命令选择引脚，该脚电平为高时表示将进行数据操作；为低时表示进行命令操作。

4）R/W 是读/写选择端，该脚电平为高时表示要进行读操作；为低时表示要进行写操作。

5）E 是使能信号端，同样很多液晶模块有此引脚，通常在总线上信号稳定后给一正脉冲通知把数据读走，在此脚为高电平的时候总线不允许变化。

6）D0～D7，8 位双向并行总线，用来传送命令和数据。

7）BLA 是背光源正极，BLK 是背光源负极。

1602 液晶模块与单片机的连接方式，如图 5-5 所示。

3. 控制器接口说明（见表 5-8）

表 5-8 控制器接口说明

读状态	输入	RS=L,R/W=H,E=H	输出	D0~D7=状态字
写指令	输入	RS=L,R/W=L,D0~D7=指令码,E=高脉冲	输出	无
读数据	输入	RS=H,R/W=H,E=H	输出	D0~D7=数据
写数据	输入	RS=H,R/W=L,D0~D7=数据,E=高脉冲	输出	无

对此液晶显示器操作主要有以下几种方法：

1）写命令（包括但不限于初始化、调节显示位置、清除显示等）。

2）写数据（把一个字符的 ASCII 码写入液晶显示器使其显示）。

3）读忙信号（液晶显示器乃低速设备，每次操作前应该测试忙信号，确定其不忙时再操作）。

4. 1602LCD 的指令码（命令码）

此液晶显示器上电的时候需要初始化，典型的指令码是 38H，也就是上电的时候需要调用 void wrc（unsigned char com）这个函数写指令码，用法是 wrc（0x38）；执行完这个函数可以把液晶显示器初始化成 2 行显示 5×7 的点阵 8 位总线接口。

此液晶显示器支持的指令码见表 5-9。

表 5-9 指令码

指令码								功能
0	0	1	1	1	0	0	0	设置 2 行显示,5×7 点阵,8 位数据接口
0	0	0	0	1	D	C	B	D=1 开显示;D=0 关显示 C=1 显示光标;C=0 不显示光标 B=1 光标闪烁;B=0 光标不显示
0	0	0	0	0	1	N	S	N=1 当读或写一个字符后地址指针加 1,且光标右移 1 位 N=0 当读或写一个字符后地址指针减 1,且光标左移 1 位 S=1 当写一个字符时,整屏显示左移(N=1)或右移(N=0),以得到光标不移动而屏幕移动的效果 S=0 当写一个字符时,整屏显示不移动

注：就是 0x38 的命令（控制显示模式设置）。

第 2 行指令主要完成的功能是：控制液晶显示器是否显示，光标是否显示，光标是否闪烁。

如 0x08（显示关闭，不显示），0x0C（开显示，但不显示光标和不闪烁）。

第 3 行指令主要完成的功能是：地址指针加 1 还是减 1，光标左移还是右移，整屏是否移动。

如 0x06（地址指针加 1，显示光标自动向右移 1 位，但整屏显示不移动）。

其他指令设置：

0x80（数据首地址，所以数据地址为 0x80+地址码）。

0x01（显示清屏，地址指针 = 0，自动加 1 模式，光标或闪烁回到显示器左上角）。

1602 液晶显示器的一般初始化（复位）过程指令设置如下：

```
延时 30ms
写指令 0x38;(不检测查忙)
延时 5ms
写指令 0x38;(不检测查忙)
延时 5ms
写指令 0x38;显示模式设置
写指令 0x08;显示关闭
写指令 0x01;显示清屏
写指令 0x06;显示光标自动向右移动设置(无需人工干预)
写指令 0x0C;显示开及光标设置
```

5. 1602LCD 的 RAM 地址映像及标准字库表

显示字符时要先输入显示字符地址，也就是告诉模块在哪里显示字符（第几行，第几列），表 5-10 是 1602LCD 的内部显示地址码。

例如，第二行第一个字符地址是 0x40，实际写入的数据地址应该是 0x80+0x40 = 0xC0。

表 5-10　1602LCD 的内部显示地址码

00	01	02	03	04	05	06	07	08	09	0A	0B	0C	0D	0E	0F
40	41	42	43	44	45	46	47	48	49	4A	4B	4C	4D	4E	4F

注：显示数据地址 = 数据首地址 0x80+地址码。

1602LCD 内部的字符发生存储器（CGROM）已存储了 160 个不同的点阵字符、图形，如图 5-7 所示。这些字符有数字、字母的大小写、常用的符号等，每一个字符都有一个固定的代码，比如大写的英文字母‘A’的代码是 01000001B（41H），显示时模块把地址 41H 中的点阵字符图形显示出来，应能看到字母‘A’。

Higher 4-bit(D4 to D7) of Character Code (Hexadecimal)	Lower 4-bit(D0 to D3) of Character Code (Hexadecimal)															
	0	1	2	3	4	5	6	7	8	9	A	B	C	D	E	F
2		!	"	#	$	%	&	'	(	)	*	+	,	-	.	/
3	0	1	2	3	4	5	6	7	8	9	:	;	<	=	>	?
4	@	A	B	C	D	E	F	G	H	I	J	K	L	M	N	O
5	P	Q	R	S	T	U	V	W	X	Y	Z	[	¥	]	^	_
6	`	a	b	c	d	e	f	g	h	i	j	k	l	m	n	o
7	p	q	r	s	t	u	v	w	x	y	z	{	|	}	→	←
A		。	「	」	、	・	ヲ	ァ	ィ	ゥ	ェ	ォ	ャ	ュ	ョ	ッ
B	ー	ア	イ	ウ	エ	オ	カ	キ	ク	ケ	コ	サ	シ	ス	セ	ソ
C	タ	チ	ツ	テ	ト	ナ	ニ	ヌ	ネ	ノ	ハ	ヒ	フ	ヘ	ホ	マ
D	ミ	ム	メ	モ	ヤ	ユ	ヨ	ラ	リ	ル	レ	ロ	ワ	ン	゛	゜
1																

图 5-7 字符代码与图形对应图

【技能增值及评价】

通过本任务的学习，你的单片机知识和操作技能会有很大的提高，请花一点时间加以总结，看看自己在哪些方面得到了提升，哪些方面仍需加油，在自我评价的基础上，还可以让教师或同学进行评价，这样的评价更客观，请填写表 5-11。

表 5-11 技能增值及评价表

评价方向	评价内容	自我评价	小组评价
理论知识	简述调整 1602 液晶屏显示亮度的方法		
实操技能	采用单片机控制 1602 液晶显示“2013-10-10”： 1. 绘制单片机电路原理图正确，单片机能正常工作，得 10 分 2. 绘制 1602 液晶屏电路正确，得 40 分 3. 编写单片机程序正确，液晶屏显示字符正确，得 50 分		

注：理论知识可以从“优秀”“一般”“仍需努力”方面进行评价。

任务三 控制 128×64 液晶显示器

通过本任务，了解用单片机控制 128×64 液晶显示器显示汉字的设计过程，包括原理图的绘制、编程及仿真运行；学习用单片机控制的 C 语言程序设计方法。

【任务布置】

本任务的学习内容见表 5-12。

表 5-12　任务布置

任务名称	控制 128×64 液晶显示器	学习时间	4 学时
任务描述	通过单片机控制 128×64 液晶显示器显示“欢迎使用”		

【任务分析】

P0 口为数据输出端，直接连接液晶显示器的数据端口 DB0 ~ DB7，P2. 3 ~ P2. 7 连接液晶显示器的控制端。

【任务实施】

根据任务分析设计出硬件电路图，在 Proteus 上进行绘制，然后在 Keil 软件中采用 C 语言对单片机进行编程，使用 Proteus 进行仿真和调试。

活动 1　绘制电路原理图

单片机控制 128×64 液晶显示器显示电路图如图 5-8 所示。电路中单片机的 P0 口输出端直接连接液晶显示器的数据端 DB0 ~ DB7。P2. 3、P2. 4 接 CS2 和 CS1 端控制右半屏和左半屏。P2. 5 接 E 使能端，P2. 6 接 R/W（读/写）使能端，P2. 7 接 RS 读写数据使能端，控制方法可参考程序说明。电位器 RP2 接 V0，用于调节显示器对比度，RP1 为 P0 口的上拉电阻。

本任务中，单片机控制 128×64 液晶显示器在中间显示“欢迎使用”。本电路设计很简单，主要通过编程来实现。

电路图中的元器件参数见表 5-13。

表 5-13　元器件参数

序　　号	元器件符号	元器件型号	备　　注
1	U1	AT89C51	
2	RP1	排阻	10kΩ
3	LCD1	AMPIRE128×64	
4	RP2	电位器	10kΩ
5	U2	74LS04	

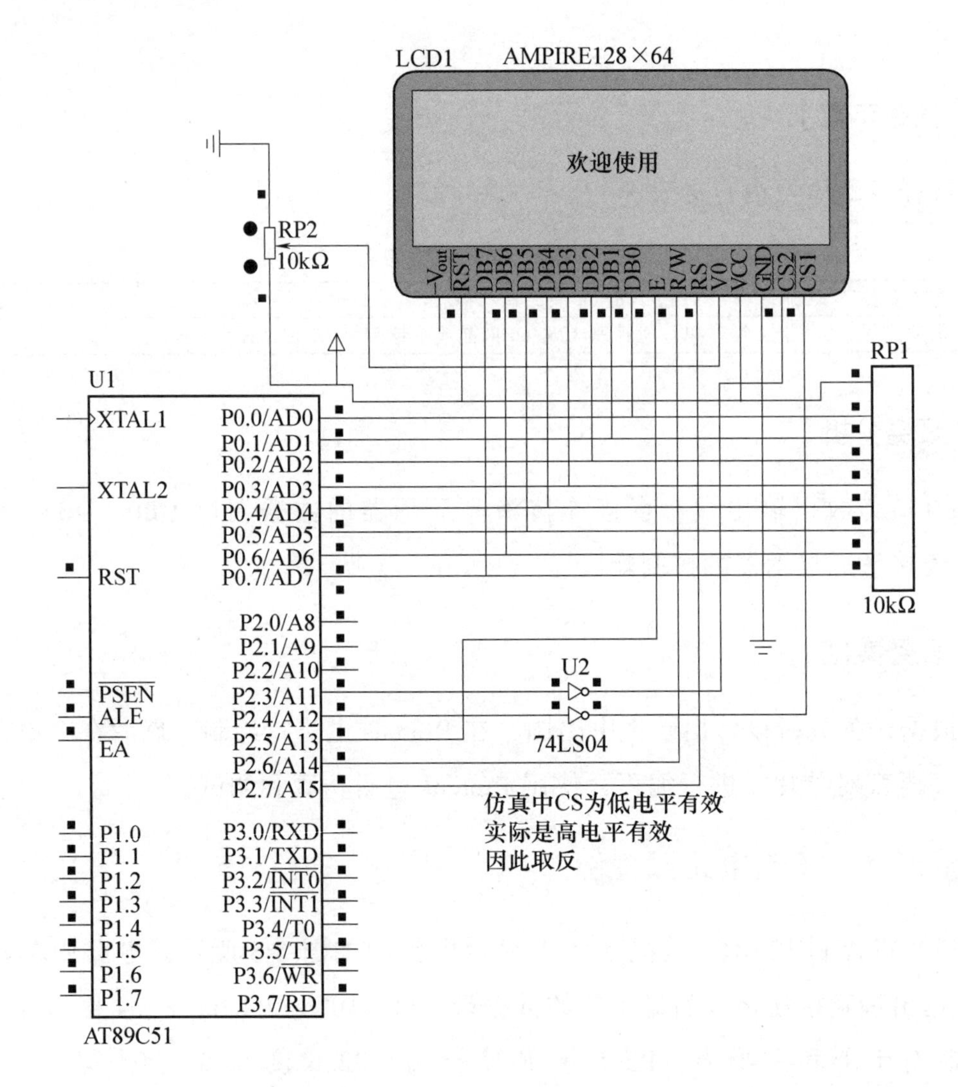

图 5-8　单片机控制 128×64 液晶显示器显示电路图

活动 2　编写程序文件

单片机控制 128×64 液晶显示器显示“欢迎使用”的 C 语言程序如下：

```
#include "reg51.h"
#define uint unsigned int
#define uchar unsigned char
/**128×64 引脚及常数定义*/
sbit  rs=P2^7; /* rs=1 写数据,rs=0 写指令 */
sbit  rw=P2^6;  /* rw=1 读, rw=0 写 */
sbit  e=P2^5;  /* 读、写使能,高电平有效,1→0 下降沿锁定数据 */
sbit  cs1=P2^4; /* 左屏片选,高电平有效 */
sbit  cs2=P2^3; /* 右屏片选,高电平有效 */
```

```
#define on 0x3f   /* 开显示命令 */
#define x 0xb8 /* x 地址(0 页) */
#define y 0x40   /* y 地址(0 列) */
#define z 0xc0   /* z 地址(0 行开始显示) */
uchar code zimo[][32] = {
// 汉字字模表
// 汉字库：宋体 16×16 纵向取模下高位,数据排列:从左到右、从上到下
/*--  文字:  欢  --*/
0x14,0x24,0x44,0x84,0x64,0x1C,0x20,0x18,0x0F,0xE8,0x08,0x08,0x28,0x18,0x08,0x0,
 0x20, 0x10, 0x4C, 0x43, 0x43, 0x2C, 0x20, 0x10, 0x0C, 0x03, 0x06, 0x18, 0x30, 0x60,
0x20,0x0,
/*--  文字:  迎  --*/
 0x40, 0x41, 0xCE, 0x04, 0x00, 0xFC, 0x04, 0x02, 0x02, 0xFC, 0x04, 0x04, 0x04, 0xFC,
0x00,0x0,
0x40,0x20,0x1F,0x20,0x40,0x47,0x42,0x41,0x40,0x5F,0x40,0x42,0x44,0x43,0x40,0x0,
/*--  文字:  使  --*/
0x40,0x20,0xF0,0x1C,0x07,0xF2,0x94,0x94,0x94,0xFF,0x94,0x94,0x94,0xF4,0x04,0x0,
0x00,0x00,0x7F,0x00,0x40,0x41,0x22,0x14,0x0C,0x13,0x10,0x30,0x20,0x61,0x20,0x0,
/*--  文字:  用  --*/
 0x00, 0x00, 0x00, 0xFE, 0x22, 0x22, 0x22, 0x22, 0xFE, 0x22, 0x22, 0x22, 0x22, 0xFE,
0x00,0x0,
0x80,0x40,0x30,0x0F,0x02,0x02,0x02,0x02,0xFF,0x02,0x02,0x42,0x82,0x7F,0x00,0x0,
};
void delay(uint i)                //延时
{
        while(i--);
}
void wrc(uchar com)               /** 写命令参数:com 为要发送的命令 **/
{
        delay(3);                 //忙等待(因 ISIS 仿真 LCD 没有忙信号)
        rs=0; rw=0;               //rs=0 , rw=0 写命令
        P0=com;                   //送出命令
        e=1; e=0;                 //1-0 使之有效
}
void wrd(uchar d)                 /** 写数据参数:d 为要发送的数据 **/
{
        delay(3);                 //忙等待
        rs=1;rw=0;                //rs=1 ,rw=0 写数据
        P0=d;                     //送出数据
        e=1;  e=0;                //1→0 使之有效
}
void clr()                        //初始化清屏函数
{
```

```
        uchar i,j;
        wrc(on);              //开显示
        cs1=cs2=1;            //同时选中左右屏
        for(j=0;j<8;j++)      //共 8 页
        {
        wrc(x+j);                  //光标到 j 页
        wrc(y);                    //光标到 0 列
          wrc(z);                  //光标到 0 行
        for(i=0;i<64;i++)          //共 64 列
          wrd(0x00);               //写 0x00 数字清屏
        }
}
void shi(uchar H,  L,  zi,  n,  uchar * ma)
{  //显示： 页,列,字体,字数,字模地址
        uchar i,j,m;
        for(m=0;m<n;m++)           //字的个数 n
        {
        for(j=0;j<2;j++)           //一个字占 2 页
        {
        wrc(x+H+j);                // 写起始页 + j 页
        wrc(y+L+zi * m);           //写起始列+ 一个字占的列数(zi * r)
        for(i=0;i<zi;i++)          //一个字的列数
        wrd( * ma++);              //取各个字模(写入字码数据)
        }
        }
}
void xian()                        //显示函数
{
        cs1=1;cs2=0;               //选择左半屏
        shi(3,32,16,2,zimo[0]); //从第 3 页 32 列取 zimo 第 0 个字开始的 2 个字,显示
                                   "欢迎"
        cs1=0;cs2=1;               //选择右半屏
        shi(3,0,16,2,zimo[2]);  //从第 3 页 0 列取 zimo 第 2 个字开始的 2 个字,显示
                                   "使用"
}
void main()                        //主函数
{
        clr();                     //初始化清屏
        xian();                    //显示
        while(1);                  //等待
}
```

活动 3　仿真运行

编写好程序文件后，生成 hex 文件，在 Proteus 的单片机中加载该 hex 文件，运行后，观察液晶显示器的显示情况。

【知识链接】

1602 液晶显示器只能显示数字、字符和少量自定义的简易图形，这在一些复杂的应用场合不能满足要求。而 128×64 液晶显示器上可以显示字符、汉字、自定义图形等，显示灵活，控制方便，应用更广。128×64 液晶显示器分为自带字库和不带字库两种。这里介绍的是不带字库的 128×64 液晶显示器。

1. 128×64 液晶显示器的结构及引脚功能

图 5-9 所示为一种 128×64 液晶显示器模块，模块上采用 S6B0108 和 S6B0107 控制 IC 芯片来控制 128×64 液晶显示板，外部接口简单，其引脚功能见表 5-14。

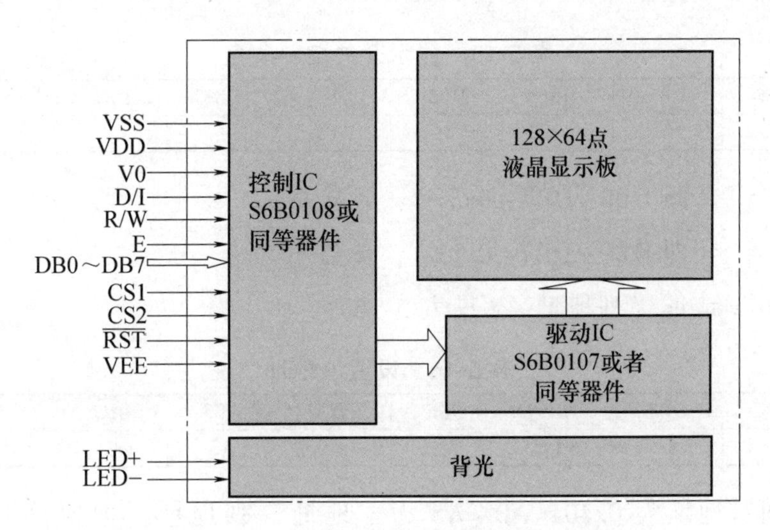

图 5-9　128×64 液晶显示器模块组成框图

表 5-14　128×64 液晶显示器引脚功能表

引脚	名称	状态	功能描述
1	VSS	0V	电源地
2	VDD	5V	模组逻辑供电电压正极
3	V0	—	液晶显示对比度调节
4	RS(D/I)	H/L	数据/指令操作选择。RS=1:对寄存器数据操作 RS=0:对寄存器指令操作
5	R/W	H/L	读/写选择,R/W=1:读数据;R/W=0:写数据
6	E	H/L	读写使能信号,下降沿有效

（续）

引脚	名称	状态	功能描述
7~14	DB0~DB7	H/L	数据总线
15	CS1	H/L	片选信号,高电平有效。CS1=1 左半屏显示
16	CS2	H/L	片选信号,高电平有效。CS2=1 右半屏显示
17	$\overline{\text{RST}}$	H/L	复位信号,低电平有效
18	VEE	—	由内部提供液晶显示驱动电压
19	LED+	5V	LED 背光电源输入正(5V)
20	LED-	0V	LED 背光电源输入负

128×64 液晶显示模块与单片机的连接方式如图 5-8 所示。

2. 128×64 液晶显示器基本控制操作

1）写指令：E=下降沿，RS=0，R/W=0，DB0~DB7=指令码。

2）写数据：E=下降沿，RS=1，R/W=0，DB0~DB7=指令码。

3）读数据：E=1，RS=1，R/W=1，数据输出到 DB0~DB7。

3. 128×64 液晶显示器显示控制指令描述

（1）显示开关控制命令（见表 5-15）

表 5-15 显示开关控制命令

RS	R/W	DB7	DB6	DB5	DB4	DB3	DB2	DB1	DB0
0	0	0	0	1	1	1	1	1	D

功能：D=1（即 DB0~DB7=0x3F）：开显示。

D=0（即 DB0~DB7=0x3E）：关显示。

（2）设置 y 地址（列地址）（见表 5-16）

表 5-16 设置 y 地址

RS	R/W	DB7	DB6	DB5	DB4	DB3	DB2	DB1	DB0
0	0	0	1	A5	A4	A3	A2	A1	A0

功能：列首地址为 0x40，A0~A5 为 y 地址（列地址）取值范围（共 1~64 列），作为寄存器的 y 地址指针。在对寄存器进行读写操作后，y 地址指针自动加 1，指向下一个寄存器单元。

（3）设置 x 地址（页地址）（见表 5-17）

表 5-17 设置 x 地址

RS	R/W	DB7	DB6	DB5	DB4	DB3	DB2	DB1	DB0
0	0	1	0	1	1	1	A2	A1	A0

功能：页首地址为 0xB0，A0~A2 表示 0~7 页（8 行为 1 页，模块共 64 行即共 8 页）。RST 信号有效复位后页地址为 0。

（4）设置 z 地址（行地址）（见表 5-18）

表 5-18 设置 z 地址

RS	R/W	DB7	DB6	DB5	DB4	DB3	DB2	DB1	DB0
0	0	1	1	A5	A4	A3	A2	A1	A0

功能：行首地址为 0xC0，A0～A5 为 z 地址（行地址）取值范围（共 1～64 行），通过修改显示起始行寄存器的内容，可以实现显示器内容向上或向下滚动。

（5）读状态（见表 5-19）

表 5-19 读状态

RS	R/W	DB7	DB6	DB5	DB4	DB3	DB2	DB1	DB0
1	0	BF	0	ON/OFF	RST	0	0	0	0

功能：当 R/W＝1，RS＝0 时，在 E 信号为高电平作用下，状态数据分别传输到数据线（DB0～DB7）相应位。

BF：判忙信号标志位。BF＝1 表示液晶显示器接口控制电路处于忙状态，此时接口电路被挂起，不能进行任何操作。BF＝0 表示液晶显示器接口控制电路处于空闲状态，可以接收外部数据和指令。

ON/OFF：显示状态标志位。ON/OFF＝1 表示关显示状态；ON/OFF＝0 表示开显示状态。

RST：复位标志位。RST＝1 表示内部初始化，此时液晶显示器不接受任何数据和指令；RST＝0 表示正常工作状态。

4. 字符、汉字等的取模方式

由于这类液晶显示器不带字库，就需要自己编写字库，显示每一个字符都需要设定其字模数据。编写字符字库数据可以采用 LCD 字模软件或是 Zimo21，由于此类软件的操作简单易学，这里不做说明。

【技能增值及评价】

通过本任务的学习，你的单片机知识和操作技能会有很大的提高，请花一点时间加以总结，看看自己在哪些方面得到了提升，哪些方面仍需加油，在自我评价的基础上，还可以让教师或同学进行评价，这样的评价更客观，请填写表 5-20。

表 5-20 技能增值及评价表

评价方向	评价内容	自我评价	小组评价
理论知识	简述 128×64 液晶显示器引脚功能		
实操技能	采用单片机控制 128×64 液晶显示器显示“当前时间:01 : 02 : 03”: 1. 绘制单片机电路原理图正确,单片机能正常工作,得 10 分 2. 绘制 128×64 液晶显示器电路正确,得 40 分 3. 编写单片机程序正确,液晶显示器显示字符正确,得 30 分 4. 编写单片机程序正确,单片机定时器能正确控制液晶显示器显示字符,得 20 分		

注：理论知识可以从“优秀”“一般”“仍需努力”方面进行评价。

项目六

单片机控制串行通信

一、技能目标

能用 Proteus 绘制串口通信电路图。
能正确掌握 74HC595 和 74HC164 串转并芯片使用方法。
掌握 74HC595 和 74HC164 串转并芯片扩展单片机输出口的方法。
掌握编写串口通信 C 语言程序的方法。

二、知识目标

了解单片机的串行通信基础知识。
熟悉单片机中特殊功能寄存器 SCON 和 SBUF 的用法。
掌握串行口的工作方式及特点。
掌握串口工作方式 0 的应用技巧。

任务一　单片机控制 74HC595 的串转并芯片

通过本任务，了解单片机系统的 I/O 口的扩展，通过串转并芯片 74HC595；利用单片机的少量 I/O 口扩展较多的并行输出口。

【任务布置】

本任务的学习内容见表 6-1。

表 6-1 任务布置

任务名称	单片机控制 74HC595 的串转并芯片	学习时间	2 学时
任务描述	通过串转并芯片扩展单片机的输出口,控制 8 个 LED 轮流发光		

【任务分析】

AT89C51 有 P0、P1、P2、P3 共 32 个 I/O 口，如果不能满足使用要求，可以通过串转并芯片扩展单片机的输出口。74HC595 的输出端为 Q0~Q7，这 8 位并行输出端可以直接控制 8 个 LED。74HC595 的 11 脚用来输入移位脉冲，在上升沿时数据移位，Q0→Q1→Q2→Q3→Q4→Q5→Q6→Q7→Q7′，其中 Q7′用于 74HC595 的级联；74HC595 的 14 脚用来输入串行数据，通过移位运算将高位送入 PWD 寄存器的进位标志位 CY 的值再传送给 14 脚，8 次移位即可完成一个字符的串行传送；74HC595 的 12 脚用来传送锁存脉冲，在上升沿时移位寄存器的数据被传入存储寄存器。

【任务实施】

根据任务分析，设计出硬件电路图，在 Proteus 上进行绘制，然后在 Keil 软件中采用 C 语言对单片机进行编程，使用 Proteus 进行仿真和调试。

活动 1 绘制电路原理图

74HC595 控制发光二极管硬件电路图如图 6-1 所示，AT89C51 单片机 U2 的 P1.0 接 U1 的时钟引脚 11 脚，P1.1 接 U1 的串行数据输入 14 脚，P1.2 接 U1 的锁存引脚 12 脚。与发光二极管相连接的电阻起限流作用，防止发光二极管因电流过大被烧坏。AT89C51 单片机的 19 脚（XTAL1）、18 脚（XTAL2）连接的石英晶体振荡器和两个小电容构成单片机的时钟振荡电路，9 脚（RST）是复位引脚，电容 C1、C2 和电阻 R9 及按键构成按键与上电复位电路。这两个电路构成单片机正常工作的最小硬件系统。

电路图中的元器件参数见表 6-2。

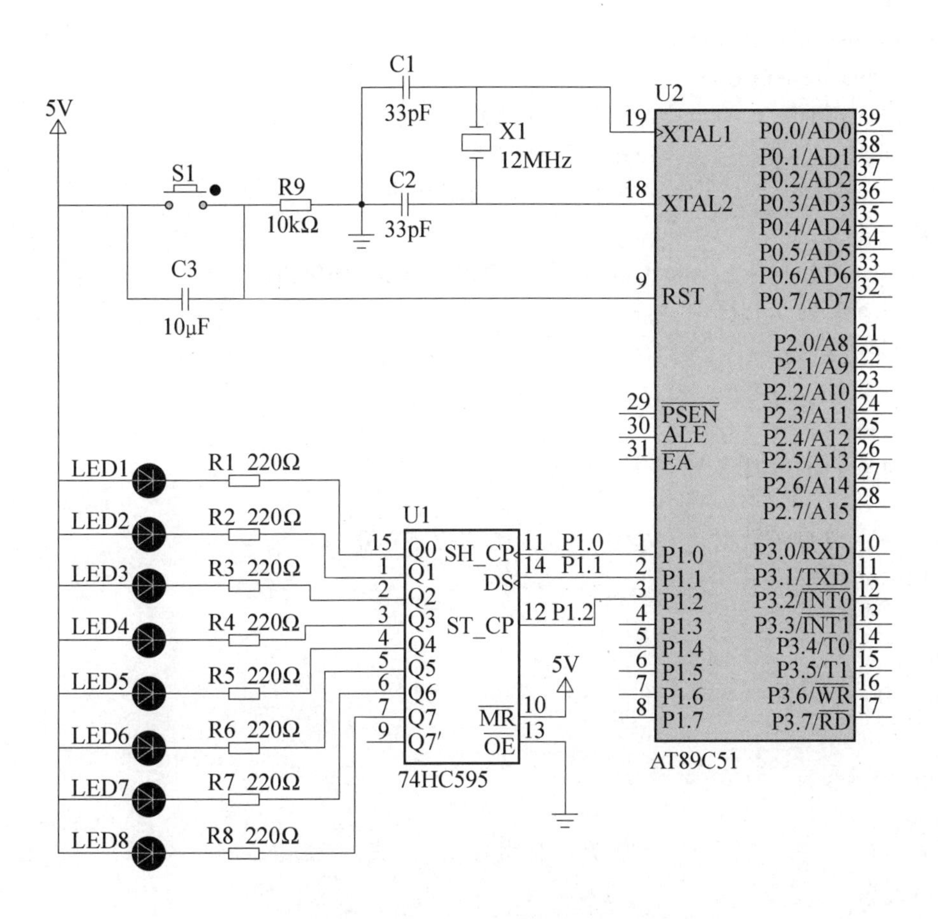

图 6-1　74HC595 控制发光二极管硬件电路图

表 6-2　元器件参数

序号	元器件符号	元器件型号	备注
1	C1	电容	33pF
2	C2	电容	33pF
3	C3	电解电容	10μF
4	X1	晶振	12MHz
5	R9	电阻	10kΩ
6	S1	按键	
7	U2	AT89C51	
8	U1	74HC595	
9	R1～R8	电阻	220Ω
10	LED1～LED8	发光二极管	

活动 2　编写程序文件

单片机与 74HC595 控制发光二极管轮流发光的 C 语言程序如下：

```
#include < reg51. h>          //51 芯片引脚定义头文件
#include < intrins. h>        //内部包含延时函数
```

```
#define uchar unsigned char
#define uint unsigned int
sbit sh_cp=P1^0;              //移位时钟脉冲
sbit ds=P1^1;                 //串行数据输入
sbit st_cp=P1^2 ;             //输出锁存器控制脉冲
uchar temp ;
uchar code DAT[8]={0xfe,0xfd,0xfb,0xf7,0xef,0xdf,0xbf,0x7f} ;
/* * * * 延时子程序 * * * */
void delay(uint ms)
{
uint k ;
while(ms--)for(k=0 ; k<300; k++);
}
/* * * * 将显示数据送入 74HC595 内部移位寄存器 * * * */
void in_595()
{
uchar j ;
for(j=0 ;j<8 ;j++)
{
temp<<=1 ;
ds=CY ;
sh_cp=1 ;                     //上升沿发生移位
_nop_();
sh_cp=0 ;
}
}
/* * * * 将移位寄存器内的数据锁存到输出寄存器并显示 * * * * */
void OUT_595()
{
st_cp=0 ;
_nop_();
st_cp=1 ;                     //上升沿将数据送到输出锁存器
_nop_();
st_cp=0 ;                     //锁存显示数据
}
/* * * * 主程序 * * * */
main()
{
sh_cp=0 ;
st_cp=1 ;
while(1)
```

```
{
uchar i ;
for(i=0 ; i<8 ; i++)
{
temp=DAT[ i ] ;             //取显示数据
in_595();                   //temp 中的一字节数据串行输入到 74HC595
OUT_595();                  //74HC595 移位寄存器传输到存储寄存器并出现在输出端
delay(150);
}
}
}
```

活动 3　仿真运行

编写好程序文件后，生成 hex 文件，在 Proteus 的单片机中加载该 hex 文件，单击“运行”按钮，发光二极管轮流发光。

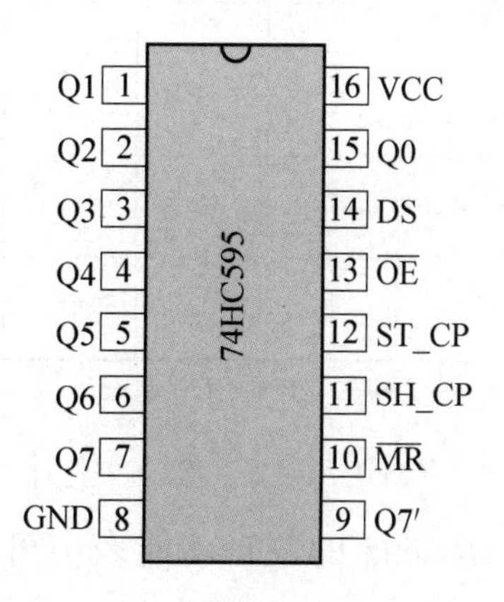

图 6-2　74HC595 引脚分布图

【知识链接】

74HC595 外部引脚

74HC595 具有一个 8 位串行输入、并行输出的移位寄存器和一个 8 位输出锁存器。它采用双列直插式封装，引脚分布图如图 6-2 所示。

1. 74HC595 引脚说明（见表 6-3）

表 6-3　74HC595 引脚说明

引脚	符号	说　明
15,1~7	Q0~Q7	8 位并行数据输出
8	GND	地
9	Q7′	级联输出端,与下一个 74HC595 的 DS 相连,实现多个芯片之间的级联控制
10	$\overline{MR}$	复位引脚,低电平时将移位寄存器的数据清零。一般情况下接 VCC
11	SH_CP	时钟引脚,上升沿时数据寄存器的数据移位。Q0→Q1→Q2→…→Q7;下降沿移位寄存器数据不变(脉冲宽度:5V 时,大于几十纳秒)
12	ST_CP	锁存引脚,上升沿时移位寄存器的数据进入数据存储寄存器,下降沿时存储寄存器数据不变。通常将 RCK 置为低电平,当移位结束后,在 RCK 端产生一个正脉冲(5V 时,大于几十纳秒),更新显示数据

（续）

引脚	符号	说　明
13	$\overline{OE}$	输出允许使能引脚。高电平时禁止输出(高阻态)。如果单片机的引脚不紧张,用一个引脚控制它,可以方便地产生闪烁和熄灭效果。比通过数据端移位控制要省时省力,通常可以直接接地
14	DS	串行数据输入,接 AT89C51 的某个 I/O 引脚
16	VCC	电源

2. 逻辑功能表（见表 6-4）

表 6-4　逻辑功能表

输　入					输　出		功　能
SH_CP	ST_CP	$\overline{OE}$	$\overline{MR}$	DS	Q7′	Q*n*	
×	×	L	↓	×	L	NC	MR 为低电平时仅仅影响移位寄存器
×	↑	L	L	×	L	L	空移位寄存器到输出寄存器
×	×	H	L	×	L	Z	清空移位寄存器,并行输出为高阻状态
↑	×	L	H	H	Q6′	NC	逻辑高电平移入移位寄存器状态 0,包含所有的移位寄存器状态移入,例如,以前的状态 6(内部 Q6′)出现在串行输出位
×	↑	L	H	×	NC	Q*n*′	移位寄存器的内容到达保持寄存器并从并口输出
↑	↑	L	H	×	Q6′	Q*n*′	移位寄存器内容移入,先前的移位寄存器的内容到达保持寄存器并输出

注：H—高电平，L—低电平，↑—上升沿，↓—下降沿，Z—高阻，NC—无变，×—无效。

74HC595 内含 8 位串入、并出移位寄存器和 8 位三态输出锁存器。从 74HC595 的逻辑功能表中可以分析出 74HC595 的工作过程：寄存器和锁存器分别有各自的时钟输入（SH_CP 和 ST_CP），都是上升沿有效。当 SH_CP 从低到高电平跳变时，串行输入数据 DS 移入寄存器；当 ST_CP 从低到高电平跳变时，寄存器的数据置入锁存器。清除端 $\overline{MR}$ 的低电平只对寄存器复位，而对锁存器无影响。当输出允许控制 $\overline{OE}$ 为高电平时，并行输出（Q0～Q7）为高阻态，而串行输出 Q7′不受影响。74HC595 最多需要 5 根控制线，即 DS、SH_ CP、ST_ CP、$\overline{MR}$和 $\overline{OE}$，其中 $\overline{MR}$ 可以直接接到高电平，$\overline{OE}$ 可以直接接到低电平。把其余三根线和单片机的 I/O 口相接，即可实现对 LED 的控制。数据从 DS 口送入 74HC595，在每个 SH_CP 的上升沿，DS 口上的数据移入寄存器，在 SH_CP 的第 9 个上升沿，数据开始从 Q7′移出。如果把第一个 74HC595 的 Q7′和第二个 74HC595 的 DS 相接，数据即移入第二个 74HC595 中，照此一个一个接下去，可接任意多个。数据全部送完后，给 ST_CP 一个上升沿，寄存器中的数据即置入锁存器。此时如果 $\overline{OE}$

为低电平，数据即从并口 Q0～Q7 输出，把 Q0～Q7 与 LED 相接，LED 就可以实现显示了。74HC595 在移位的过程中并不影响其锁存器的输出，移位寄存器中的数据是通过锁存端的上升沿送入锁存器中的。正是由于 74HC595 具备了锁存功能，因而可以保证并行输出数据的稳定和数据同步改变的功能。

经过以上分析可以得出 74HC595 控制数据输入输出的实现步骤：

① 在 SH_CP 上升沿期间将数据端串入的数据发送到移位寄存器中，如果需要发送 8 位的数据，则需要 8 个 SH_ CP 上升沿才能将 8 位数据全部输入到移位寄存器中。

② 给 ST_CP 一个上升沿，将存储在移位寄存器中的数据传送给锁存器，即 Q1→Q2→Q3→…→Q7 上输出新数据。

③ 将 ST_CP 置低电平，锁存 Q1→Q2→Q3→…→Q7 上的数据，如果要连续改动 Q1→Q2→Q3→…→Q7 上的数据，重复上述操作即可。使锁存端产生一个上升沿，从而将移位寄存器中的数据送入到锁存器中并输出。

74HC595 的主要优点是具有数据存储寄存器，在移位的过程中，输出端的数据可以保持不变。这在串行速度慢的场合很有用处，数码管没有闪烁感。可以直接用单片机的普通 I/O 口模拟 74HC595 的时序来实现数据的串入并出功能。

【技能增值及评价】

通过本任务的学习，你的单片机的 I/O 口扩展知识和操作技能肯定有极大的提高，请花一点时间加以总结，看看自己在哪些方面得到了提升，哪些方面仍需加油，在自我评价的基础上，还可以让教师或同学进行评价，这样的评价更客观，请填写表 6-5。

表 6-5　技能增值及评价表

评价方向	评价内容	自我评价	小组评价
理论知识	简述 74HC595 的引脚定义		
实操技能	运用 74HC595 芯片控制一个数码管显示“0”： 1. 绘制单片机电路原理图正确，单片机能正常工作，得 10 分 2. 绘制 74HC595 控制数码管电路正确，得 40 分 3. 编写单片机程序正确，数码管显示“0”，得 50 分		

注：理论知识可以从“优秀”“一般”“仍需努力”方面进行评价。

任务二　单片机控制 74HC164 的串转并芯片

74HC595 是一款带锁存功能的串转并扩展芯片，74HC164 是不带锁存功能的串转并芯片。由于其简单易用，74HC164 应用也较为广泛。通过本任务，可了解用 74HC164 串转并芯片扩展单片机 I/O 口。

【任务布置】

本任务的学习内容见表 6-6。

表 6-6 任务布置

任务名称	单片机控制 74HC164 的串转并芯片	学习时间	2 学时
任务描述	通过 74HC164 串转并芯片扩展单片机的输出口,控制 3 个数码管静态显示		

【任务分析】

系统上电，3 个数码管分别显示 1、2、3。

【任务实施】

根据任务分析，设计出硬件电路图，在 Proteus 上进行绘制，然后在 Keil 软件中采用 C 语言对单片机进行编程，使用 Proteus 进行仿真和调试。

活动 1 绘制电路原理图

74HC164 控制数码管的电路如图 6-3 所示，图中 A 和 B 分别为 DSA 和 DSB，是数据输入端。74HC164 通过 CLK 和 DSA/DSB 两个端口实现控制，CLK 端是时钟端。

活动 2 编写程序文件

通过 74HC164 串转并芯片扩展单片机的输出口，控制 3 个数码管静态显示的 C 语言程序如下：

```
#include <reg52. h>
#define uchar unsigned char
#define uint unsigned int
uchar code table[ ] = {0xc0,0xf9,0xa4,0xb0,0x99,0x92,0x82,0xf8,0x80,0x90,0x88,0x83,
0xc6,0xa1,0x86,0x8e};                          //数码管段码表
uchar dis[3] = {1,2,3};
/********** 端口定义 ********************************************************/
sbit SI   = P2^0;                              //数据口
sbit CP1  = P2^1;                              //时钟口 1
```

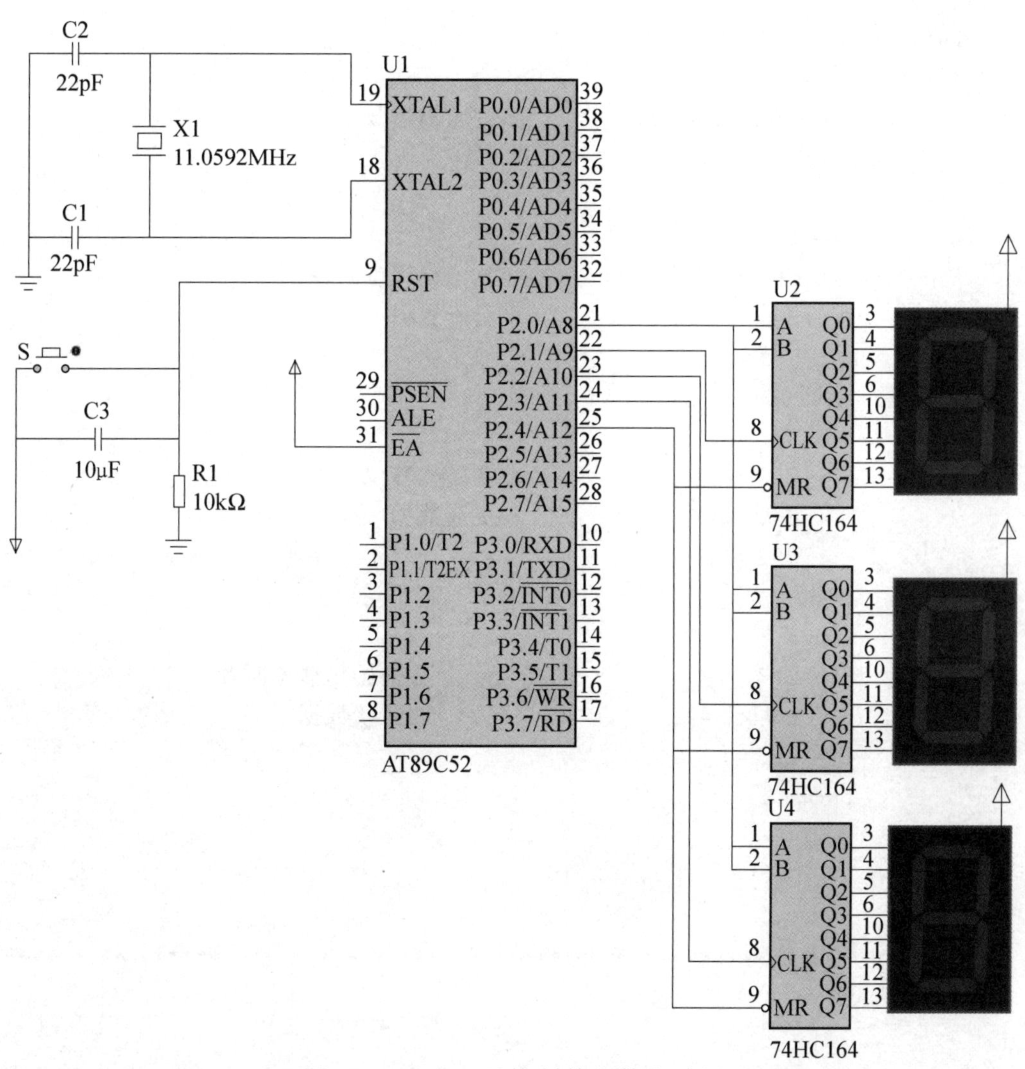

图 6-3　74HC164 控制数码管电路图

```
sbit CP2   = P2^2;                          //时钟口 2
sbit CP3   = P2^3;                          //时钟口 3
sbit CLR = P2^4;                            //清除口
/********** nms 延时子程序 *************************************/
void Delay_Nms(uint n)
{
  uint i,j;
  for(i=0;i<n;i++)
  for(j=0;j<125;j++);
}
/********** 发送 1 字节数据 *******************************************/
void SendOneByte(uchar Bdat,uchar ch)
{
    uchar i;
```

```
    for(i=0;i<8;i++)
    {
        SI=(bit)(Bdat & 0x80);          //判断输出数据
        switch(ch)
        {
            case 1:
                CP1=0;                  //初始化移位时钟
                Bdat<<=1;               //更新数据
                CP1=1;
            break;
            case 2:
                CP2=0;                  //初始化移位时钟
                Bdat<<=1;               //更新数据
                CP2=1;
            break;
            case 3:
                CP3=0;                  //初始化移位时钟
                Bdat<<=1;               //更新数据
                CP3=1;
            break;
        }
    }
}
/********** 主函数 *******************************************************/
void main(void)
{
    uchar i;
    CLR = 0;                            //清除 74HC164 输出
    CLR = 1;                            //允许 74HC164 输出
    while(1)
    {
        for(i=1;i<4;i++)
        {
            SendOneByte(table[dis[i-1]],i);   //调用 74HC164 发送数据函数
            Delay_Nms(100);
        }
    }
}
```

活动 3　仿真运行

编写好程序文件后，生成 hex 文件，在 Proteus 的单片机中加载该 hex 文件，3

个数码管分别显示 1、2、3。

【知识链接】

74HC164 是高速硅门 CMOS 器件，与低功耗肖特基型 TTL（LSTTL）器件的引脚兼容。74HC164 是 8 位边沿触发式不带锁存功能的串转并芯片，串行输入，并行输出。

数据通过两个输入端 DSA 或 DSB 输入，任一输入端可以用作高电平使能端，控制另一输入端的数据输入。两个输入端或者连接在一起，或者把不用的输入端接高电平，不能悬空。

时钟（CP）每次由低变高时，数据右移一位，输入到 Q0，Q0 是两个数据输入端（DSA 和 DSB）的逻辑与，它将上升沿之前保持一个建立时间的长度。

主复位（MR）输入端上的一个低电平将使其他所有输入端都无效，同时非同步地清除寄存器，强制所有的输出为低电平。

74HC164 引脚说明见表 6-7。

表 6-7　74HC164 引脚说明

符号	引脚	说明
A	1	数据输入
B	2	数据输入
Q0～Q3	3～6	输出
GND	7	地(0V)
CLK	8	时钟输入(低电平到高电平边沿触发)
MR	9	中央复位输入(低电平有效)
Q4～Q7	10～13	输出
VCC	14	正电源

74HC164 和 74HC595 是两款常用的串转并扩展芯片，在使用过程中两款芯片主要区别如下：

1）74HC164 和 74HC595 都是串行输入、并行输出。74HC595 有锁存器，所以在移位过程中输出可以保持不变；而 74HC164 没有锁存器，所以每产生一个移位时钟输出就改变一次。这是二者的最大区别。74HC164 按时钟信号上升沿读取串行信号，同时把读到的信号从第 0 脚依次移到第 7 脚，即在并行输出时会输出移位过程中的电平变化。虽然过程很短暂，但可能会导致后续电路的逻辑出问题，不过作为功率输出驱动没什么影响，可用于对逻辑时序要求不高的电路。

2）在多级级联时，74HC595 使用专门的 Q7 引脚实现多片级联；74HC164 直接使用输出引脚 Q7 级联。

3）74HC595 有使能引脚 OE，OE 无效时输出引脚为高阻态；74HC164 没有使能引脚。

4）74HC595 的复位是针对移位寄存器的，复位锁存寄存器还需 ST_ CP 上升沿将移位寄存器内容加载到锁存寄存器；74HC595 的复位是同步的，74HC164 的复位是异步的，所以 74HC164 的复位更简单。

5）74HC164 有对应的 74HC165 并转串芯片。

【技能增值及评价】

通过本任务的学习，你的单片机知识和操作技能有哪些提高，请花一点时间加以总结，看看自己在哪些方面得到了提升，哪些方面仍需加油，在自我评价的基础上，还可以让教师或同学进行评价，这样评价就更客观了，请填写表 6-8。

表 6-8 技能增值及评价表

评价方向	评价内容	自我评价	小组评价
理论知识	简述单片机利用 74HC164 串联并芯片控制数码管		
实操技能	运用 74HC164 芯片控制 8 个 LED 轮流发光： 1. 绘制单片机电路原理图正确，单片机能正常工作，得 10 分 2. 绘制 74HC164 控制 LED 电路正确，得 40 分 3. 编写单片机程序正确，8 个 LED 轮流发光，得 50 分		

注：理论知识可以从“优秀”“一般”“仍需努力”方面进行评价。

任务三 单片机的串口通信

通过本任务，了解单片机系统的 RS232 串口通信工作过程，包括原理图的绘制、编程及仿真运行；了解并学习单片机的 RS232 串行通信，熟悉串口工作方式 3 的应用技巧。

【任务布置】

本任务的学习内容见表 6-9。

表 6-9 任务布置

任务名称	单片机的串口通信	学习时间	2 学时
任务描述	单片机 RS232 串行通信控制数码管循环显示数字 0~9		

【任务分析】

单片机通过串口按一定时序发送数字，Proteus 内置虚拟终端（Virtual Terminal）的 RXD 连接单片机 TXD 引脚，单片机所发的字符可以在虚拟终端中显示出来。注意不要将虚拟终端连接 MAX232 的 T1OUT 引脚，这样显示的是乱码，虚拟终端要直接连接单片机串口，另外还要注意将单片机晶振设为 11.0592MHz，而且虚拟终端的波特率等设置要与程序中的设置相同。

通过设置单片机工作于串口模式 3，AT89C51 串行口与 MAX232 连接，电平转换后与 PC 串口相连，串行数据通过单片机的 10 脚 P3.0/RXD 输出与 MAX232 的 R1OUT（12 脚）相连，11 脚 TXD（P3.1）与 MAX232 的 T2IN（10 脚）相连，以方式 3 进行数据的串口发送。SCON 中的 TB8 写入输出移位寄存器的第 9 位，8 位数据装入 SBUF 寄存器，开始时，先把起始位 0 输出到 TXD 引脚，然后发送数据位 D0 位到 TXD 引脚，之后每一个移位脉冲都使输出移位寄存器的各位向低端移动一位，并由 TXD 引脚输出，发送完毕后硬件会自动将 TI 置位。在发送下一字节前，TI 要用软件清零。通过上述操作，我们会看到数码管循环显示 0~9 的效果。

【任务实施】

根据任务分析，设计出硬件电路图，在 Proteus 上进行绘制，然后在 Keil 软件中采用 C 语言对单片机进行编程，使用 Proteus 进行仿真和调试。

活动 1　绘制电路原理图

单片机 RS232 串行通信控制数码管循环显示数字 0~9 电路图如图 6-4 所示，AT89C51 串口与 MAX232 连接，电平转换后与 PC 串口相连，串行数据通过单片机的 10 脚 P3.0/RXD 输出与 MAX232 的 R1OUT（12 脚）相连，11 脚 TXD（P3.1）与 MAX232 的 T2IN（10 脚）相连，AT89C51 的 P0 口与数码管相连接，排阻 RP1 是上拉电阻。

电路图中的元器件参数见表 6-10。

表 6-10　元器件参数

序号	元器件符号	元器件型号	备注
1	U1	AT89C51	
2	RP1	排阻	10kΩ
3	DS1	数码管	

（续）

序号	元器件符号	元器件型号	备注
4	U2	MAX232	
5	C1	电容	1.0μF
6	C2	电容	1.0μF
7	C3	电容	1.0μF
8	C4	电容	1.0μF
9	J1	串口接口	

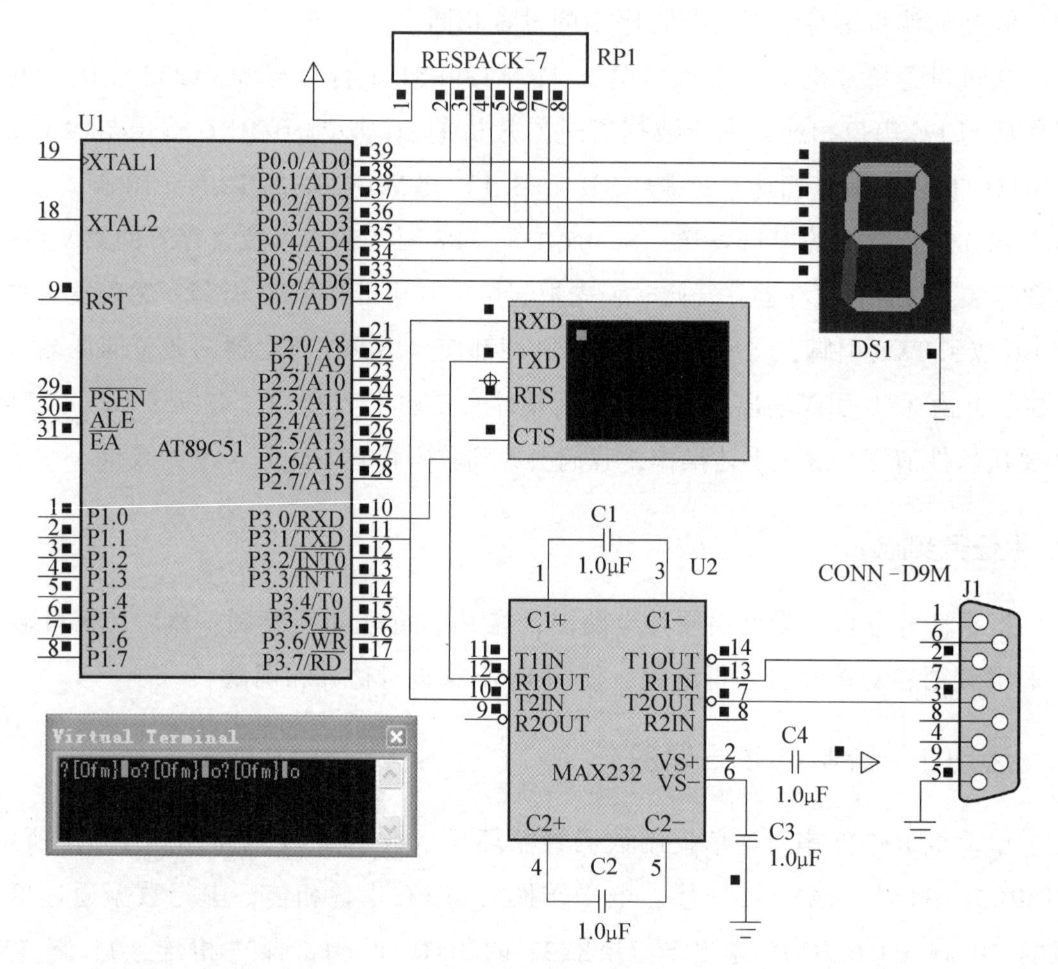

图 6-4 单片机 RS232 串行通信控制数码管循环显示数字 0~9 电路图

活动 2 编写程序文件

串口工作之前，应对其进行初始化，设置定时器的工作方式和初值，串行口控制寄存器，具体步骤如下：

1）确定 T1 的工作方式（编程 TMOD 寄存器）。

2）计算 T1 的初值，装载 TH1、TL1。

3）启动 T1（编程 TCON 中的 TR1 位）。

4）确定串口控制（编程 SCON 寄存器）。

串口在中断方式工作时，要进行中断设置（编程 IE、IP 寄存器）。

单片机串行通信控制数码管循环显示数字 0~9 的 C 语言程序如下：

```
#include<reg51.h>          //包含单片机寄存器的头文件
unsigned char code Tab[ ] = {0x3F,0x06,0x5B,0x4F,0x66,0x6D,0x7D,0x07, 0x7F, 0x6F};
//数码管显示控制码
/****串口发送一个字节数据****/
void Send(unsigned char dat)
{
  SBUF=dat;
        while(TI==0);
          TI=0;
}
/****延时****/
void delay(void)
{
  unsigned char m,n;
        for(m=0;m<200;m++)
          for(n=0;n<250;n++);
}
/****主函数****/
void main(void)
{
unsigned char i;
TMOD=0x20;   //TMOD=0010 0000B,定时器 T1 工作于方式 2
SCON=0xc0;   //SCON=1100 0000B,串口工作于方式 3,
             //SM2 置 0,不使用多机通信,TB8 置 0
PCON=0x00;   //PCON=0000 0000B,波特率为 9600
TH1=0xfd;    //根据规定给定时器 T1 赋初值
TL1=0xfd;    //根据规定给定时器 T1 赋初值
TR1=1;       //启动定时器 T1
        while(1)
        {
          for(i=0;i<10;i++)      //模拟检测数据
            {
              Send(Tab[i]);      //发送数据 i
              P0=Tab[i];         //发送数据 i 在 P0 口输出
              delay();           //延时发送一次检测数据
            }
        }
}
```

活动 3 仿真运行

编写好程序文件后，生成 hex 文件，在 Proteus 的单片机中加载该 hex 文件，单击“运行”按钮，会看到数码管由 0~9 循环显示。

【知识链接】

一、MCS-51 单片机串口通信技术

MCS-51 单片机内部有一个全双工的串行通信口，它有两根串行通信传输线：输入线 RXD（P3.0）和输出线 TXD（P3.1）。

MCS-51 单片机有两个物理上独立的发送缓冲寄存器和接收缓冲寄存器，它们是特殊功能寄存器 SBUF，地址为 99H，发送缓冲器只能写入不能读出；接收缓冲器只能读出不能写入。两个串行数据缓冲器通过特殊功能寄存器 SBUF 来访问。

当执行一条向 SBUF 写入数据的指令时，则将数据写入发送缓冲寄存器，开启发送过程。在发送时钟的控制下，先发送一个低电平的起始位，紧接着把发送数据寄存器中的内容按低位在前、高位在后一位一位地发送出去，最后发送一个高电平的停止位。一个字符发送完毕，串口控制寄存器中的发送中断标志位 TI 置位；对于方式 2 和方式 3，当发送完数据后，要把串口控制寄存器 SCON 中的 TB8 位发送出去后才发送停止位。当对它执行读 SBUF 指令时，则接收缓冲寄存器接收数据。接收数据时，串行数据的接收受到串口控制寄存器 SCON 中的允许接收位 REN 的控制。当 REN 置 1 时，接收控制就开始工作，对接收数据线进行采样，当采样到从“1”到“0”的负跳变时，接收控制器开始接收数据。为了减少干扰的影响，接收控制器在接收数据时，将 1 位的传送时间分为 16 等份，用其中的 7、8、9 三个状态对接收数据线进行采样，三次采样当中，若两次采样为低电平，就认为接收的是“0”；次采样为高电平，就认为接收的是“1”。如果接收到的起始位的值不是“0”，则起始位无效，复位接收电路。如果起始位为“0”，则开始接收其他各位数据。接收的前 8 位数据依次移入输入移位寄存器，接收的第 9 位数据置入串口控制寄存器的 RB8 位中。如果接收有效，则输入移位寄存器中的数据置入接收数据寄存器中，同时控制寄存器中的接收中断位 RI 置 1，通知 CPU 来取数据。

MCS-51 单片机的 CPU 中还有两个特殊功能寄存器 SCON 和 PCON，分别用于

控制串口的工作方式以及波特率，定时器T1用作波特率发生器，对数据的接收、发送均可触发中断系统，使用十分方便。用户可以通过编程设置SCON和PCON，来实现对串行通信系统的管理控制。

1. 串口控制寄存器（SCON）

串口控制寄存器（SCON）用于串行通信的控制，其字节地址为98H，包含串口工作方式选择位、接收发送控制位以及串行口状态标志位，其格式见表6-11。

表6-11　串口控制寄存器（SCON）的格式

SCON	D7	D6	D5	D4	D3	D2	D1	D0
位名称	SM0	SM1	SM2	REN	TB8	RB8	TI	RI
位地址	9FH	9EH	9D	9CH	9BH	9AH	99H	98H

各控制位的含义如下。

（1）SM0、SM1　串口工作方式选择位，其定义见表6-12。

表6-12　串口工作方式定义

SM0 SM1	工作方式	功　能　说　明	波　特　率
0　0	方式0	8位移位寄存方式	f/12
0　1	方式1	8位UART(异步收发)	可变(T1溢出率/n)
1　0	方式2	9位UART(异步收发)	f/64或　f/32
1　1	方式3	9位UART(异步收发)	可变(T1溢出率/n)

（2）SM2　多机通信控制位。在方式2或方式3处于接收时，如果SM2设置为“1”，则在接收到的第9位数据（RB8）为“0”时，输入移位寄存器中接收的数据不能移入接收数据寄存器SBUF，接收中断标志位RI不置1，接收无效；如果接收到的第9位数据（RB8）为“1”，则输入移位寄存器中接收的数据移入接收数据寄存器SBUF，接收中断标志位RI置“1”，接收有效。当SM2为“0”时，无论接收到的第9位数据（RB8）是“1”还是“0”，输入移位寄存器中接收的数据都不能移入接收数据寄存器SBUF，同时接收中断标志位RI置1，接收都有效。

（3）REN　允许接收位。当REN=1时，允许接收；当REN=0时，则禁止接收。

（4）TB8　在方式2或方式3中，TB8为发送数据的第9位，它可以用来作奇偶校验位。在多机通信中，它往往用来表示主机发送的是地址还是数据：TB8=0为数据，TB8=1为地址。它可由软件置位或复位。在方式0和方式1中该位未用。

（5）RB8　在方式2和方式3中要接收到的第9位数据。在方式1中，若

SM2=0，则 RB8 是已接收到的停止位。在方式 0 中，不使用 RB8。

（6）TI 发送中断标志位。在一组数据发送完后被硬件置位为 1。在方式 0 中，串行发送第 8 位结束时，由硬件使 TI="1"；在其他三种方式中，在停止位开始发送时，由硬件置位，使 TI=1，表示一帧数据发送完毕。可通过软件查询 TI 标志位，也可经中断系统请求中断。TI 不能自动清零，必须由软件清零。

（7）RI 接收中断标志位。在方式 0 中，接收完第 8 位数据后，由硬件使 RI 置位；在其他三种方式中，如果 SM2 控制位允许，则接收到停止位或第 9 位时，由硬件置位 RI。RI=1，表示一帧信息接收结束。可通过软件查询 RI 标志位，也可经中断系统请求中断。RI 不能自动清零，必须由软件清零。

2. 电源控制寄存器（PCON）

PCON 的地址为 87H，最高位为 SMOD，是串行波特率的倍增位，其格式见表 6-13。

表 6-13 电源控制寄存器（PCON）的格式

PCON	D7	D6	D5	D4	D3	D2	D1	D0
位名称	SMOD	—	—	—	GF1	GF0	PD	IDL

当 SMOD=1 时，使串口方式 1、方式 2、方式 3 的波特率加倍；当 SMOD=0 时，串口波特率不加倍。

二、MCS-51 单片机串口的工作方式

1. 串行通信方式 0

（1）特点 串口为同步移位寄存器的输入输出方式，常用于串口外接移位寄存器以扩展 I/O 口，也可以外接串行同步输入输出设备。串行数据由 RXD（P3.0）端子输入或输出，同步移位脉冲由 TXD（P3.1）端子送出。发送和接收均为 8 位数据，低位在前，高位在后。有固定的波特率，为 $f_{OSC}/12$。

（2）发送操作 当执行写入发送缓冲器 SBUF（99H）指令后，就启动串行口发送器，串行口即把 8 位数据以 $f_{OSC}/12$ 的波特率将输出移位寄存器的内容逐次从 RXD（P3.0）端串行输出（低位在前），并在 TXD（P3.1）脚输出 $f_{OSC}/12$ 的移位脉冲。发送完 8 位数据后，中断标志位 TI 置 1，请求中断。要继续发送时，TI 必须由指令清 0。

（3）接收操作 用指令置 REN=1（同时 RI=0），可以启动一帧数据的接收。RXD（P3.0）端的输入数据（低位在前），同样由 TXD（P3.1）脚输出 $f_{OSC}/12$

的移位脉冲。接收完一帧数据后，中断标志 RI 置 1，请求中断。想继续接收时要用指令将 RI 清 0。

2. 串行通信方式 1

（1）特点　串行通信方式 1 亦称为 8 位异步通信接口（UART）。传送一帧信息为 10 位，包括 1 位起始位“0”，8 位数据位（先低位，后高位）和 1 位停止位“1”，停止位进入 SCON 的 RB8。波特率由软件设置，由 T1 的溢出率决定。

（2）发送操作　执行写入发送缓冲器 SBUF（99H）指令后，就启动串口发送器，在发送移位脉冲时钟（由波特率决定）的同步下，从 TXD（P3.1）脚先送出起始位，然后是 8 位数据位，最后是停止位。发送完一帧 10 位数据后，TI 置 1，请求中断。要继续发送时，TI 必须由指令清 0。

方式 1 发送时的移位时钟是由定时器 Tl 送来的溢出信号经过 16 或 32 分频（取决于 SMOD 位）而取得的。因此，方式 1 的波特率是可变的。

（3）接收操作　用指令置 REN=1（同时 RI=0），启动一帧数据的接收。接收器以 16 倍波特率的速率对串口 RXD（P3.0）端采样，当采样到 1 至 0 的跳变时，表明接收到串行数据的起始位，开始接收一帧数据。接收完一帧信息后，在 RI=0 并且 SM2=0（或接收到的停止位为“1”）时，则将接收移位寄存器中的 8 位数据装入接收缓冲器 SBUF，收到的停止位装入 SCON 中的 RB8，此时 RI 置 1，请求中断并通知 CPU 从 SBUF 中取走已接收到的数据。想继续接收时要用指令将 RI 清 0。

在接收操作中，接收移位脉冲的频率和发送波特率相同，也是由定时器 T1 的溢出信号经 16 或 32 分频（由 SMOD 位决定）而得到的。

3. 串行通信方式 2 和方式 3

（1）特点　8 位异步串行通信 UART 接口。具有多机通信功能，两种方式除了波特率设置不同外，其余功能完全相同。帧结构为 11 位，包括起始位 0、8 位数据位、1 位可编程位 TB8/RB8 和 1 位停止位。

（2）发送操作　发送操作前，用指令定义 TB8（如作为奇偶校验位或地址/数据标志位），由指令 MOV SBUF,A 将 A 中的数据送入 SBUF 后启动发送操作；在发送操作中，已定义的 TB8 位能自动加入待发送的 8 位数据之后构成第 9 位，这样组成的一帧完整数据自动从 TXD 端异步发送；发送完成后，TI 自动置 1，请求中断。要继续发送时，TI 必须由指令清 0（CLR TI）。

在多机通信的发送操作中，用 TB8 作地址/数据标志位。TB8=1，地址帧；

TB8=0，数据帧。

（3）接收操作　在 RI=0 的前提下，用指令置 REN=1，启动一帧数据的接收，将接收数据的第 9 位送入 RB8。该数据能否接收，要由 SM2 和 RB8 的状态决定：

SM2=0 时，串行口不看 RB8 状态，无条件接收。

SM2=1 是多机通信方式，接收到的 RB8 是地址/数据标志位：

若 RB8=1，接收的信息是地址，此时 RI 自动置 1，串口接收发送来的数据。

若 RB8=0，接收的信息是数据。对于 SM2=1 的从机，RI 不置 1，此数据丢失；对于 SM2=0 的从机，SBUF 自动接收发来的数据。

4. 波特率的设置

在串行通信中，收发双方的数据传送率（波特率）要有一定的约定，在 MCS-51 串口的四种工作方式中，方式 0 和方式 2 的波特率是固定的，而方式 1 和方式 3 的波特率是可变的，由定时器 T1 的溢出率与 SMOD 值来决定。

（1）方式 0　方式 0 的波特率固定为晶振 f_{OSC} 的 1/12，即波特率 $=f_{OSC}/12$。

（2）方式 2　方式 2 的波特率由 PCON 中的选择位 SMOD 决定，可由下式表示：

SMOD=1 时，波特率 $=f_{OSC}/32$；SMOD=0 时，波特率 $=f_{OSC}/64$。

（3）方式 1 和方式 3　当串口工作于方式 1 时，波特率是可变的，由 SMOD 和定时器 T1 溢出率确定，允许用户所取的波特率范围比较大。计算波特率的公式为

$$方式1的波特率=(2^{SMOD}/32)\times T1溢出率$$

用定时器 T1 作波特率发生器时，通常选用定时器工作方式 2（8 位自动重装定时初值），但要禁止 T1 中断（ET1=0），以免 T1 溢出时产生不必要的中断。先设 T1 的初值为 X，那么每过 28-X 个机器周期，T1 就会产生一次溢出。溢出周期为$12\times(28-X)/f$。而 T1 的溢出率为溢出周期之倒数，所以波特率的计算公式为

$$波特率=(2^{SMOD}/32)\times(f/12)\times 1/(2^{SMOD}-X)$$

从而得到 T1 工作在方式 2 时的初值为

$$X=2^{8}-(2^{SMOD}\times f)/(384\times 波特率)$$

如果串行通信选用很低的波特率，可将定时器置于方式 0（13 位定时方式）或方式 1（16 位定时方式）。在这种情况下，T1 溢出时需要由中断服务程序来重装初值，那么应该允许 T1 中断（ET1），但中断响应和中断处理的时间将会给波

特率精度带来一些误差。常用的波特率见表 6-14。

表 6-14　常用的波特率

波　特　率	f/MHz	SMOD	重装初值		
19200	11.0592	1	0	2	FDH
9600	11.0592	0	0	2	FDH
4800	11.0592	0	0	2	FAH
2400	11.0592	0	0	2	F4H
1200	11.0592	0	0	2	E8H

三、RS232 接口电路

RS232C 是 EIA 在 1969 年推出的，全名是“数据终端设备 DTE（如计算机和各种终端机）和数据通信设备 DCE（如调制解调器 MODEM）之间串行二进制数据交换接口技术标准”。它适合于数据传输速率在 0~20000bit/s 范围内的通信。

RS232 是一种串行接口标准，RS232 接口就是符合 RS232 标准的接口，也称 RS232 口、串口、异步口或 COM（通信）口。串口的电气特性：① RS232 串口通信最远距离是 50ft（15.24m）；② RS232 可做到双向传输，全双工通信，最高传输速率 20kbit/s；③ RS232C 上传送的数字量采用负逻辑，且与地对称。逻辑 1：-15~-3V，逻辑 0：3~15V。而单片机的工作电压低电平为 0V，高电平为 5V，因此，为保证通信双方电平匹配，需要在单片机串口与 RS232 接口之间加电平转换器。电平转换器常用的集成电平转换芯片 MAX232 可以实现 RS232C/TTL 电平的双向转换。MAX232 是一款兼容 RS232 标准的芯片。该器件包含 2 个驱动器、2 个接收器和一个电压发生器电路，提供 TIA/EIA-232-F 电平。该器件符合 TIA/EIA-232-F 标准，每一个接收器将 TIA/EIA-232-F 电平转换成 5V TTL/CMOS 电平，每一个发送器将 TTL/CMOS 电平转换成 TIA/EIA-232-F 电平。MAX232 芯片引脚和原理图如图 6-5 所示。

它只使用单一的 5V 电源供电，配接 4 个 1μF 电解电容即可完成 RS232 电平与 TTL 电平之间的转换。将 89C51 芯片的 RXD（P3.0）引脚与 MAX232 的信号输入端 T2IN（10 脚）连接，TXD（P3.1）引脚与 MAX232 的信号输出端 T2OUT（7 脚）连接；将 MAX232 的信号输出端 T2OUT（7 脚）与 RS232 接口的 2 脚（RXD）连接，MAX232 的信号输入端 T2IN（10 脚）与 RS232 接口的 3 脚（TXD）连接；同时将 RS232 接口的 15 脚（GND）接地即可。

RS232 接口有两种结构：一种是 9 针，另一种是 25 针。实际上 DB25 中有许多引脚很少使用，在计算机与终端通信中一般只使用 3~9 条引线。最常用的 9 条

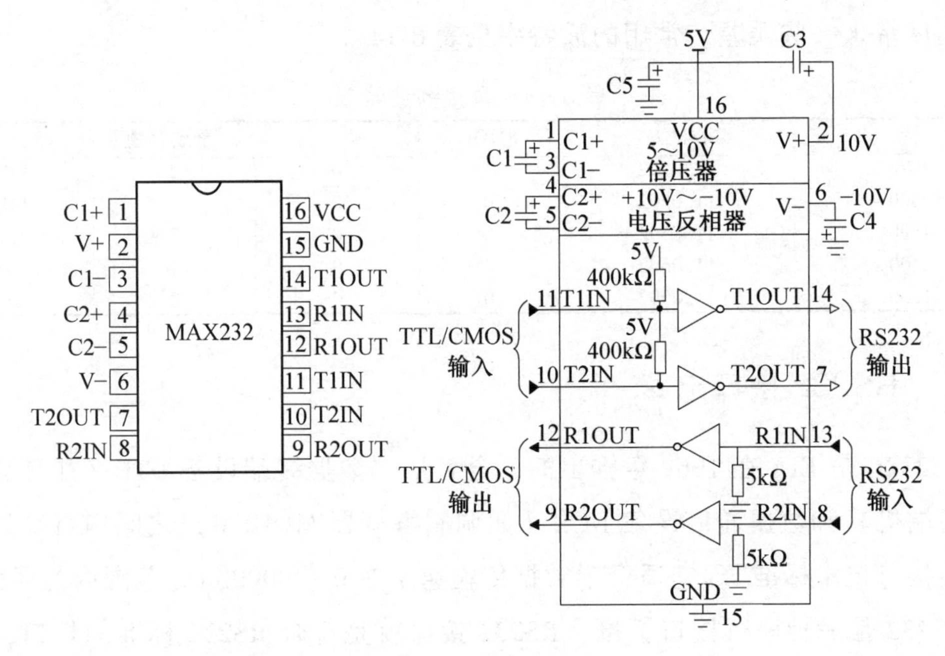

图 6-5 MAX232 芯片引脚和原理图

引线的信号内容见表 6-15。两个串口连接时，接收数据针脚与发送数据针脚相连，彼此交叉，信号地对应相接即可。传输线采用屏蔽双绞线，如图 6-6 所示。

表 6-15 DB9 和 DB25 的常用引线的信号内容

DB9 引脚	DB25 引脚	信号名称	符号	流向	功能
3	2	发送数据	TXD	DTE→DCE	DTE 发送串行数据
2	3	接收数据	RXD	DTE←DCE	DTE 接收串行数据
7	4	请求发送	RTS	DTE→DCE	DTE 请求 DCE 将线路切换到发送方式
8	5	允许发送	CTS	DTE←DCE	DCE 告诉 DTE 线路已接通可以发送数据
6	6	数据设备准备好	DSR	DTE←DCE	DCE 准备好
5	7	信号地	SGND		信号公共地
1	8	载波检测	DCD	DTE←DCE	表示 DCE 接收到远程载波
4	20	数据终端准备好	DTR	DTE→DCE	DTE 准备好
9	22	振铃指示	RI	DTE←DCE	表示 DCE 与线路接通，出现振铃

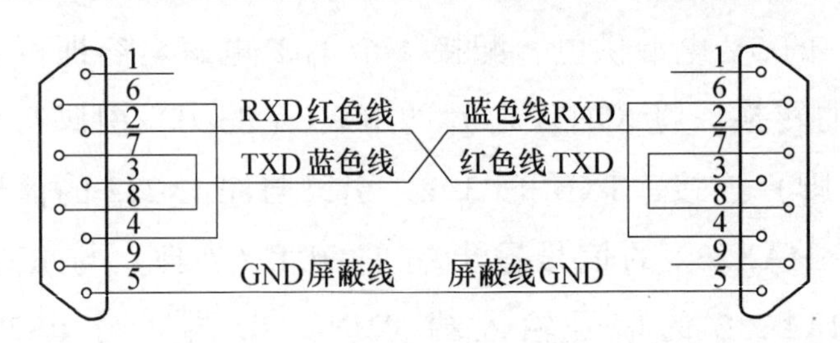

图 6-6 9 针传输线连接示意图

1. RS232 串口通信参数

1）波特率：RS232C 标准规定的数据传输速率为 50bit/s、75bit/s、100bit/s、

150bit/s、300bit/s、600bit/s、1200bit/s、2400bit/s、4800bit/s、9600bit/s、19200bit/s。

2）数据位：标准的值是5、7和8位，如何设置取决于所要传送的信息。比如，标准的ASCII码是0~127（7位）；扩展的ASCII码是0~255（8位）。

3）停止位：用于表示单个包的最后一位，典型的值为1、1.5和2位。由于数是在传输线上定时的，并且每一个设备有其自己的时钟，很可能在通信中两台设备间出现了小小的不同步。因此停止位不仅仅是表示传输的结束，它还提供了一个计算机校正时钟同步的机会。

4）奇偶校验位：在串口通信中一种简单的检错方式。对于偶和奇校验的情况，串口会设置校验位（数据位后面的一位），用一个值确保传输的数据有偶个或者奇个逻辑高位。例如，如果数据是011，那么对于偶校验，校验位为0，保证逻辑高的位数是偶数个；如果是奇校验，校验位为1，这样就有3个逻辑高位。

2. RS232串口通信的传输格式

串行通信中，线路空闲时，线路的TTL电平总是高，经反向RS232的电平总是低。一个数据开始时，RS232线路为高电平，结束时RS232为低电平。数据总是从低位向高位一位一位地传输。示波器读数时，左边是数据的高位。例如，对于十六进制数据55AAH，当采用8位数据位、1位停止位传输时，它在信号线上的波形如图6-7所示。55H = 01010101B，取反后为10101010B，加入一个起始位0，一个停止位1，55H的数据格式为0010101011B；AAH = 10101010B，取反后为01010101B，加入一个起始位0，一个停止位1，55H的数据格式为0101010101B。

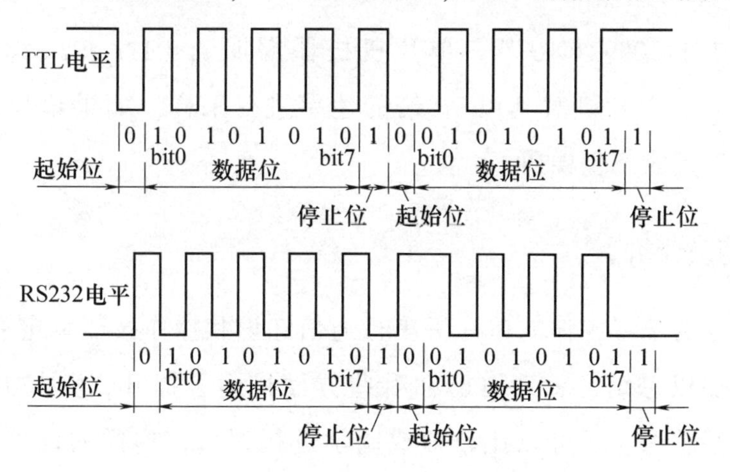

图6-7　TTL电平和RS232电平

3. RS232 串口通信的接收过程

异步通信：接收器和发送器有各自的时钟；同步通信：发送器和接收器由同一个时钟源控制。RS232 是异步通信。

1）开始通信时，信号线为空闲（逻辑 1），当检测到由 1 到 0 的跳变时，开始对“接收时钟”计数。

2）当计到 8 个时钟时，对输入信号进行检测，若仍为低电平，则确认这是“起始位”，而不是干扰信号。

3）接收端检测到起始位后，隔 16 个接收时钟，对输入信号检测一次，把对应的值作为 D0 位数据。若为逻辑 1，作为数据位 1；若为逻辑 0，作为数据位 0。

4）再隔 16 个接收时钟，对输入信号检测一次，把对应的值作为 D1 位数据。直到全部数据位都输入。

5）检测校验位 P（如果有的话）。

6）接收到规定的数据位个数和校验位后，通信接口电路希望收到停止位 S（逻辑 1），若此时未收到逻辑 1，说明出现了错误，在状态寄存器中置“帧错误”标志。若没有错误，对全部数据位进行奇偶校验，无校验错时，把数据位从移位寄存器中送入数据输入寄存器。若校验错，在状态寄存器中置奇偶错标志。

7）本帧信息全部接收完，把线路上出现的高电平作为空闲位。

8）当信号再次变为低时，开始进入下一帧的检测。

单片机常用 11.0592MHz 的晶振，波特率为 9600bit/s，每位位宽 $t_1 = 1/9600\text{s}$，晶振周期 $t_2 = 1/11.0592 \times 10^{-6}\text{s}$，单片机机器周期 $t_3 = 12t_2$，$t_1/t_3 = 96$，即对于 9600bit/s 的串口，单片机对其以 96 倍的速率进行采样。如果单片机晶振用得不正确，会对串口接收产生误码。

【技能增值及评价】

通过本任务的学习，你的单片机串行通信知识和操作技能肯定有极大的提高，请花一点时间加以总结，看看自己在哪些方面得到了提升，哪些方面仍需加油，在自我评价的基础上，还可以让教师或同学进行评价，这样的评价更客观，请填写表 6-16。

表 6-16　技能增值及评价表

评价方向	评价内容	自我评价	小组评价
理论知识	简述单片机串口工作方式		
实操技能	运用 RS232 串行通信显示矩阵式按键的标号： 1. 绘制单片机电路原理图正确，单片机能正常工作，得 10 分 2. 绘制矩阵式按键电路正确，得 10 分 3. 绘制 RS232 串行通信电路正确，得 10 分 4. 编写单片机程序正确，RS232 和单片机串行通信程序正确，得 30 分 5. 编写单片机程序正确，RS232 显示矩阵，按键标号正确，得 40 分		

注：理论知识可以从“优秀”“一般”“仍需努力”方面进行评价。

任务四　RS485 串口通信控制远程继电器开关灯

通过本任务，你将了解到单片机进行 RS485 串口通信的设计过程，从原理图的绘制、编程到仿真运行；了解通过 RS485 串口通信控制终端的 C 语言程序设计。

【任务布置】

本任务的学习内容见表 6-17。

表 6-17　任务布置

任务名称	RS485 串口通信控制远程继电器开关灯	学习时间	2 学时
任务描述	远程通过 RS485 通信发送指令到单片机，单片机控制灯的开关		

【任务分析】

1. 在虚拟串口调试助手中输入“0x01 0xFE 0x02”，远端单片机通过 RS485 接收信号后，开灯。

2. 在虚拟串口调试助手中输入“0x01 0xFF 0x02”，远端单片机通过 RS485 接收信号后，关灯。

【任务实施】

根据任务分析，设计出硬件电路图，在 Proteus 上进行绘制，然后在 Keil 软件中采用 C 语言对单片机进行编程，使用 Proteus 进行仿真和调试。

活动 1 绘制电路原理图

计算机系统远程通过 RS485 通信发送指令到单片机，单片机控制灯的开关的电路设计如图 6-8 所示。

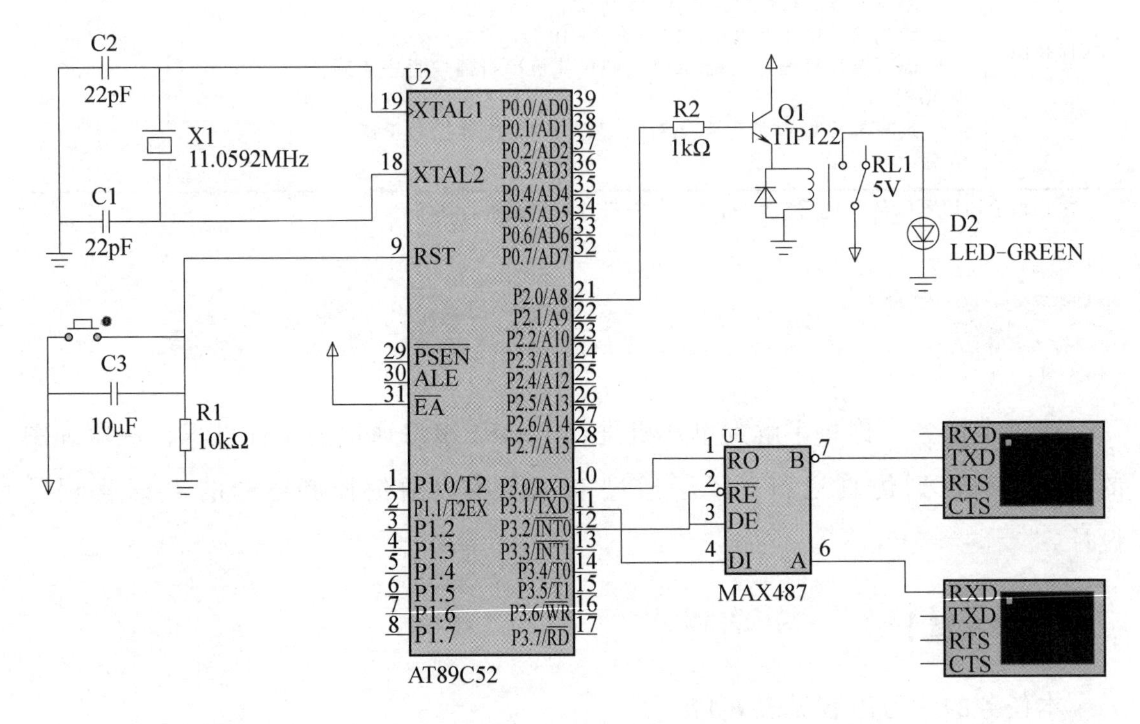

图 6-8 RS485 串口通信控制继电器开关灯硬件电路图

活动 2 编写程序文件

单片机进行 RS485 通信的 C 语言程序如下：

```
#include <reg52. h>
#include <string. h>
#define uchar unsigned char
#define uint unsigned int
//引脚定义
sbit A485_DIR1 = P3^2;                    //驱动器使能,1 发送 0 接收
sbit LED = P2^0;
//函数声明
uchar RecData( void) ;
uchar datchuli( uchar * dat1,uchar * dat2) ;
void SendByte( uchar Sdata) ;             //该函数发送一个字节数据,由 send_data( )
                                          //函数调用
```

```
void Com_SendStr(uchar * dat);
void delayms(uint);
//变量定义
uchar Com_dat[20];                          //存储接收数据变量
uchar Com_num;                              //接收数据数量
uchar code yes[]="0x01 0xFE 0x02";          //亮灯指令
uchar code no[]="0x01 0xFF 0x02";           //灭灯指令
//主函数
void main()
{
    A485_DIR1 = 1;                          //驱动器使能,1 发送 0 接收
    LED = 0;                                //关灯
    /* 系统初始化 */
    SCON=0x50;
    TMOD=0x20;
    TH1 =0xfd;
    TL1 =0xfd;                              //预置初值,设波特率为 9600
    TR1 =1;
    EA=1;                                   //开中断
    //提示信息
    Com_SendStr("回车作为结束输入指令");SendByte(0x0d);
    Com_SendStr("输入 0x01 0xFE 0x02 指令开灯");SendByte(0x0d);
    Com_SendStr("输入 0x01 0xFF 0x02 指令关灯");SendByte(0x0d);
    A485_DIR1 = 0;                          //驱动器使能,1 发送 0 接收
    ES  =1;
    /* 主程序流程 */
    while(1)    // 主循环
    {
        ;
    }
}
/**********************************************************
**函数名称:INT_UART_Rev()
**函数功能:串口接收中断函数
**********************************************************/
void INT_UART_Rev() interrupt 4
{
    static uchar LED_FLAG;
    if(RI==1)
    {
        if(SBUF==0x0D)//回车符号,判断输入数据
        {
            Com_num=0;
```

```
                //亮灯数据匹配
                LED_FLAG = datchuli( yes, Com_dat) ;
                if( LED_FLAG) LED = 1;
                //灭灯数据匹配
                LED_FLAG = datchuli( no, Com_dat) ;
                if( LED_FLAG) LED = 0;
            }
            if( SBUF = = 0x08) //退格符号
            {
                if( Com_num>0)
                    Com_num--;
            }
            if( ( Com_num<20) &&( SBUF!  = 0x0D) &&( SBUF!  = 0x08) ) //接收数据
            {
                Com_dat[ Com_num] = SBUF;
                Com_num++;
            }
            RI = 0;
        }

}
uchar datchuli( uchar  * dat1, uchar  * dat2)
{
    uchar redat = 0;
    while( 1)
    {
        if( * dat1  = =  '\0') //在每个字符串的最后,会有一个'\0'
        {
            redat = 1;
            break;
        }
        if( * dat1 = = * dat2) //对比数据
        {
            dat1++; dat2++;
        }
        else
        {
            break;
        }
    }
    return redat;
}
//发送一位数据
```

```
void SendByte(uchar Sdata)
{

    SBUF = Sdata;
    while(! TI);
    TI = 0;
}
//发送数组数据
void Com_SendStr(uchar * dat)
  {
    while(1)
    {
        if( * dat == '\0')      //在每个字符串的最后,会有一个'\0'
          break;
        else
        {
          SBUF= * dat;
          while(! TI);          //如果发送完毕,硬件会置位 TI
          TI = 0;               //TI 清零
          dat++;
        }
    }
}
void delayms(uint j)//毫秒级别函数
{
    uchar i;
    for(;j>0;j--)
{
    i=250;
    while(--i);
    i=249;
    while(--i);
    }
}
```

活动 3　仿真运行

编写好程序文件后，生成 hex 文件，在 Proteus 的单片机中加载该 hex 文件。在虚拟串口调试助手中输入“0x01 0xFE 0x02”，远端单片机通过 RS485 接收信号后，开灯；在虚拟串口调试助手中输入“0x01 0xFF 0x02”，远端单片机通过 RS485 接收信号后，关灯。

【知识链接】

在要求通信距离为几十米到上千米时，广泛采用 RS485 串行总线标准。RS485 采用平衡发送和差分接收，因此具有抑制共模干扰的能力。加上总线收发器具有高灵敏度，能检测低至 200mV 的电压，故传输信号能在千米以外得到恢复。RS485 采用半双工工作方式，任何时候只能有一点处于发送状态，因此，发送电路须由使能信号加以控制。RS485 用于多点互连时非常方便，可以省掉许多信号线。应用 RS485 可以联网构成分布式系统，其允许最多并联 32 台驱动器和 32 台接收器。RS485 的数据最高传输速率为 10Mbit/s。

因 RS485 接口具有良好的抗噪声干扰、长传输距离和多站能力等优点，使其成为首选的串行接口。因为 RS485 接口组成的半双工网络一般只需两根连线，所以 RS485 接口均采用屏蔽双绞线传输。

从单片机编程角度来看，RS232 和 RS485 只是驱动芯片不同。

1） RS485 主机编程注意事项：

因为 RS485 是半双工，RS232 是全双工，所以在编程的时候是有区别的。RS485 芯片接收和发送不能同时进行，所以作为主机的单片机在发出指令后，要延时后再接收数据。

2） RS485 从机编程注意事项：

从机通过判断地址码来确认是否做出应答。从机接收到指令后，要稍作延时后再向主机做出应答。

【技能增值及评价】

通过本任务的学习，你的单片机知识和操作技能有哪些提高，请花一点时间加以总结，看看自己在哪些方面得到了提升，哪些方面仍需加油，在自我评价的基础上，还可以让教师或同学进行评价，这样评价就更客观了，请填写表 6-18。

表 6-18　技能增值及评价表

评价方向	评价内容	自我评价	小组评价
理论知识	简述 RS485 串口通信控制远程继电器开关灯的方法		
实操技能	运用 RS485 串行通信控制数码管循环显示 0~9： 1. 绘制单片机电路原理图正确，单片机能正常工作，得 10 分 2. 绘制单片机控制数码管电路正确，得 10 分 3. 绘制 RS485 串行通信电路正确，得 20 分 4. 编写单片机程序正确，RS485 和单片机串行通信程序正确，得 30 分 5. 编写单片机程序正确，数码管正确循环显示 0~9，得 30 分		

注：理论知识可以从“优秀”“一般”“仍需努力”方面进行评价。

项目七

单片机接口电路

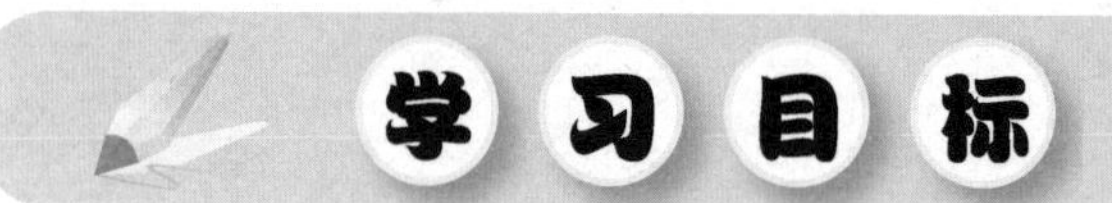

一、技能目标

掌握 I^2C 总线与单片机的硬件电路连接。
掌握简单电路系统的设计过程。
掌握常用单片机接口电路的编程方法。

二、知识目标

掌握 I^2C 总线协议及应用。
掌握单总线协议及应用。

任务一 简易电子密码锁

通过完成掉电密码保存的电子密码锁仿真任务，可以掌握 I^2C 总线原理，掌握具有 I^2C 总线接口的 E^2PROM AT24C02 的应用方法，学会利用 I^2C 总线拓展更多的外设。

【任务布置】

本任务的学习内容见表 7-1。

表 7-1 任务布置

任务名称	简易电子密码锁	学习时间	2 学时
任务描述	通过 I^2C 总线拓展 E^2PROM AT24C02，完成掉电密码保存的电子密码锁电路仿真		

【任务分析】

为了让电路有更多的功能，一般需要接入较多的外设，除了拓展并行 I/O 接口数量、通过串行节省 I/O 等方式外，还有一种方法就是采用新型总线技术，在同一总线上有多个外围器件。

具有 I^2C 总线接口的 E^2 PROM AT24C02 与单片机的硬件电路只有两根线：一根时钟线，控制传输的速率、节奏；一根数据线，控制指令与数据的传输。由于 AT89C51 单片机没有 I^2C 总线接口，因此需要使用普通 I/O 口模拟 I^2C 总线协议，以完成数据的存储。

【任务实施】

根据任务分析，设计出硬件电路图，在 Proteus 上进行绘制，然后在 Keil 软件中采用 C 语言对单片机进行编程，使用 Proteus 进行仿真和调试。

活动 1　绘制电路原理图

简易电子密码锁硬件电路图如图 7-1 所示，单片机 P0、P2. 0、P2. 1、P2. 2 口控制液晶显示器，显示密码锁提示信息；P1 口读取按键信息，可以输入密码、更改密码等；P3. 5 引脚接 U2 AT24C02 SCK 时钟输入端，P3. 6 接 U2 AT24C02 SDA 数据/地址端；P2. 6、P2. 7 接两个发光二极管，提示开关锁信息。

电路图中的元器件参数见表 7-2。

表 7-2　元器件参数

序号	元器件符号	元器件型号	备　注	序号	元器件符号	元器件型号	备　注
1	C1	电解电容	20μF	9	D1	发光二极管	
2	C2	电容	30pF	10	D2	发光二极管	
3	C3	电容	30pF	11	S1	按键	
4	X1	晶振	12MHz	12	U1	AT89S51	
5	R1	电阻	200Ω	13	U2	24C02C	
6	R2	电阻	1kΩ	14	RP1	排阻	10kΩ
7	R3	电阻	330Ω	15	LCD1	LM016L	1602
8	R4	电阻	330Ω	16	KEYPAD	4×4 键盘	

注：发光二极管的标准文字符号应为 VL。

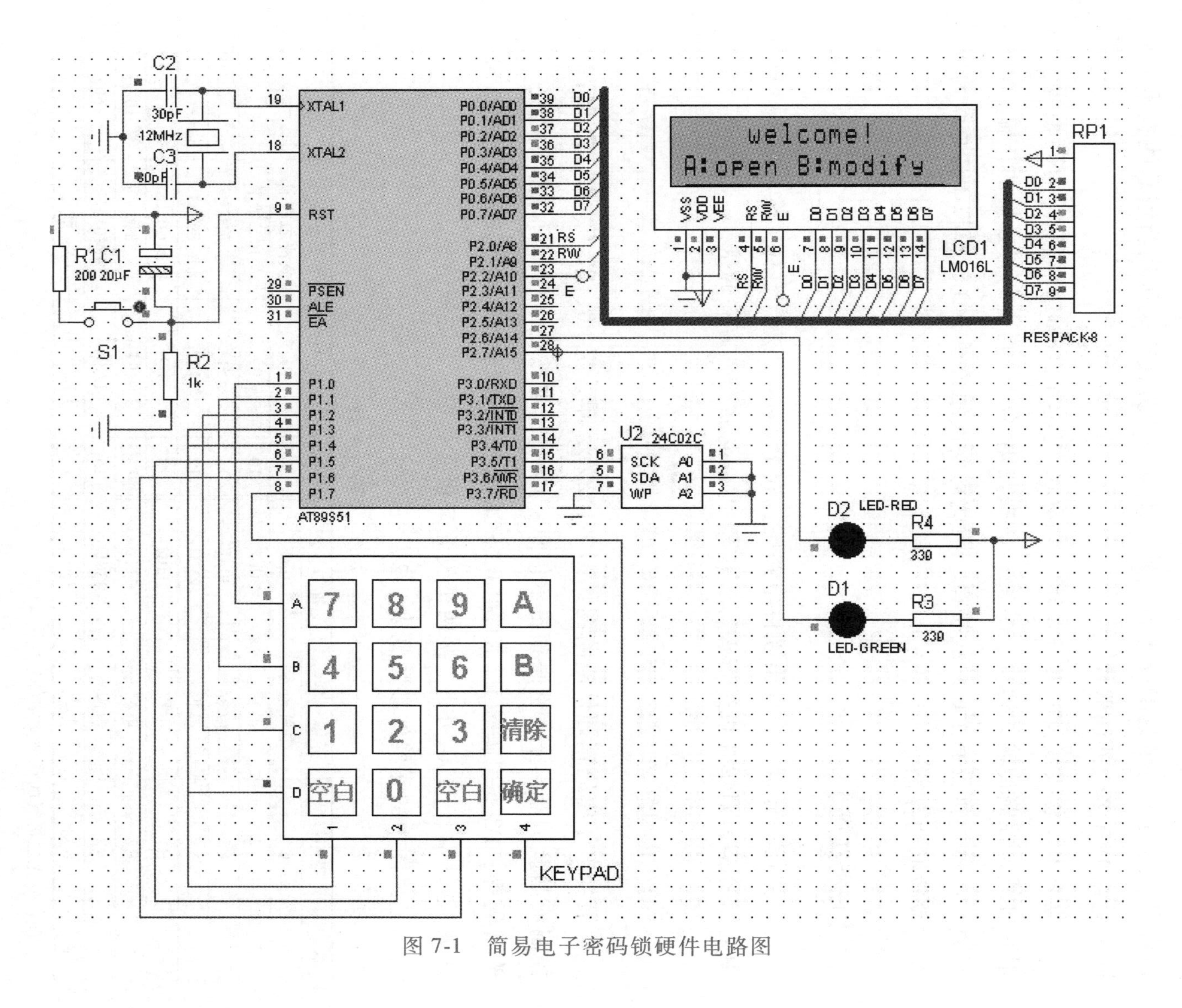

图 7-1　简易电子密码锁硬件电路图

活动 2 编写程序文件

简易电子密码锁的 C 语言程序如下：

```
#include < reg51. h>            //51 芯片引脚定义头文件
//* -------宏定义------- *//
#define uchar unsigned char
#define uint unsigned int
//* ---小液晶端口定义--- *//
sbit RS=P2^0;
sbit RW=P2^1;
sbit EN=P2^2;
//* -----指示灯端口----- *//
sbit Red=P2^6;
sbit Green=P2^7;
//* ------显示内容------ *//
uchar code table[][16]={
  "welcome!",
  "A:open B:modify",
  "Input password",
  "new password!",
  "Input again",
  "correct",
  "error"
};
//* ------密码数组------ *//
uchar Y_mima[]={0,0,0,0};//原密码
uchar S_mima[5],X1_mima[5],X2_mima[5];//输入密码,新密码 1,新密码 2
//* --------变量-------- *//
uchar mu,YN,wei;
bit shua;//刷屏
//* --------------初始化--------------- *//
void init_sys()
{
  TMOD=0x01;
  TH0=0xfc;
  TL0=0x18;
  EA=1;
  ET0=1;
  TR0=1;
}
//* -------------毫秒延时-------------- *//
void delay(uchar x)
```

```
{
  uchar j;
  while (x--)
  {
    for(j=0;j<123;j++);
  }
}
//*--------------写命令--------------*//
void w_com(uchar com)
{
  P0=com;
  RW=0;
  RS=0;              //命令
  EN=0;              //上升沿有效
  delay(5);
  EN=1;
}
//*--------------写数据--------------*//
void w_dat(uchar dat)
{
  P0=dat;
  RW=0;
  RS=1;              //数据
  EN=0;              //上升沿有效
  delay(5);
  EN=1;
}
//*-------------写一串字---------------*//
void display(uchar zb,uchar what)//zb--坐标,what--选择内容
{
  uchar num=0;//选择写第几个字符的变量
  //定位首字母位置,zb<20 第一行,zb>20 第二行
  if(zb<20)  w_com(0x80|zb);
  else     w_com(0xc0|zb-20);
  //循环写完一串字符
  while(table[what][num] ! = "\0")
  {
    w_dat(table[what][num]);//what 内容的第 num 个字符
    num++;//写下一个字符
    delay(3);
  }
}
//*------------清屏初始化-------------*//
```

```
void init_LCD()
{
  P0=0;
  w_com(0x38);        //显示模式设置,开始要求检测忙信号:8位、2行、5×7点阵
  w_com(0x08);        //关闭显示
  w_com(0x01);        //清屏
  w_com(0x06);        //显示光标移动设置:文字不动,光标自动右移
  w_com(0x0f);        //显示开及光标设置:光标开、光标闪烁
}
//*---------------显示----------------*//
void LCD()
{
  static uchar mu_buf=10;
  if(mu! =mu_buf)    //防止刷屏太频繁,只在屏幕转换的时候刷屏
  {
    mu_buf=mu;              //记录当前所在屏幕
    init_LCD();             //清屏初始化
    switch (mu)
    {
      case 0:
        display(4,0);       //welcome!
        display(20,1);      //A:open B:modify
        w_com(0x0c);        //光标关闭
        break;
      case 1:
        display(1,2);       //Input password
        break;
      case 2:
        display(1,2);       //Input password
        break;
      case 3:
        display(2,3);       //new password
        break;
      case 4:
        display(2,4);       //Input again
        break;
      case 5:  break;
      default:  break;
    }
  }
  //
  if(YN==1)  display(20,5);           //正确 correct
  if(YN==2)  display(20,6);           //错误 error
```

```
  //
  if(mu! =0&&YN==0)//除第0幕外均需要输入密码,YN=0表示还未按确定
  {
    w_com(0xc0);//定位光标
    //输入密码显示星号
    if(wei==1)
    w_dat("*");
    if(wei==2)
    {
      w_dat('*');
      w_dat('*');
    }
    if(wei==3)
    {
      w_dat('*');
      w_dat('*');
      w_dat('*');
    }
    if(wei==4)
    {
      w_dat('*');
      w_dat('*');
      w_dat('*');
      w_dat('*');
    }
  }
}
//
void key()
{
static uchar k1;//防抖变量
uchar temp=0,shu=10;//存放键值,存放数值,注意! 动态变量,每次进入都要赋值
  //
  P1=0xfe;            //第一行送低电平
  if(P1! =0xfe)       //检测第一行是否按下
  temp=P1;            //若按下则记录键值
  //第二行
  P1=0xfd;
  if(P1! =0xfd)
  temp=P1;
  //
  P1=0xfb;
  if(P1! =0xfb)
```

```
temp=P1;
//
P1=0xf7;
if(P1!=0xf7)
temp=P1;
//
if(temp!=0)          //若有记录键值则进入
{
  if(++k1==6)        //防抖
  {
    switch (temp)
    {
      case 0xee:  shu=7;  break;
      case 0xde:  shu=8;  break;
      case 0xbe:  shu=9;  break;
      case 0x7e://A
        if(mu==0) mu=1;
        break;
      /////////////////
      case 0xed:  shu=4;  break;
      case 0xdd:  shu=5;  break;
      case 0xbd:  shu=6;  break;
      case 0x7d://B
        if(mu==0) mu=2;
        break;
      /////////////////
      case 0xeb:  shu=1;  break;
      case 0xdb:  shu=2;  break;
      case 0xbb:  shu=3;  break;
      case 0x7b://清除
          if(mu==1||mu==2)        //第1、2幕清除"输入密码"
          S_mima[wei-1]=10;
          if(mu==3)               //第3幕清除"新密码1"
          X1_mima[wei-1]=10;
          if(mu==4)               //第4幕清除"新密码2"
          X2_mima[wei-1]=10;
          //
          if(wei>0) wei--;        //位数退后一格
          w_com(0xc0|wei);        //确定要清除星号位置
          w_dat(' ');             //把星号替换成空格
        break;
      /////////////////
      case 0xe7:  break;
```

```
    case 0xd7:  shu=0;  break;
    case 0xb7:  break;
    case 0x77://确定
    if(mu==1||mu==2)              //第1、2幕把"原密码"和"输入密码"做比较
      {
        if(Y_mima[0]==S_mima[0]&&
          Y_mima[1]==S_mima[1]&&
          Y_mima[2]==S_mima[2]&&
          Y_mima[3]==S_mima[3])
        {
          YN=1;                   //正确
        }else  YN=2;              //错误
      }
      if(mu==4)                   //第4幕把"新密码1"和"新密码2"做比较
      {
        if(X1_mima[0]==X2_mima[0]&&
          X1_mima[1]==X2_mima[1]&&
          X1_mima[2]==X2_mima[2]&&
          X1_mima[3]==X2_mima[3])
        {
          //正确则把新密码替换掉原密码
          Y_mima[0]=X1_mima[0];
          Y_mima[1]=X1_mima[1];
          Y_mima[2]=X1_mima[2];
          Y_mima[3]=X1_mima[3];
          YN=1;
        }else  YN=2;
      }
      if(mu==3)                   //第3、4幕
      {
        wei=0;                    //位数清除
        mu=4;
      }
      w_com(0x0c);                //光标关闭
      break;
    default:  break;
  }
  shua=0;                         //液晶刷屏
  if(shu!=10&&mu!=0)              //若按下数字键且不在第0幕则进入
  {
    if(mu==1||mu==2)              //第1~2幕赋值给"输入密码"
    S_mima[wei]=shu;
    if(mu==3)                     //第3幕赋值给"新密码1"
```

```
            X1_mima[wei]=shu;
            if(mu==4)                      //第4幕赋值给“新密码2”
            X2_mima[wei]=shu;
            //
            if(wei<4) wei++;//位数+1
        }
      }
    }else k1=0;//若无按键按下则清零
}
//*--------------主程序---------------*//
void main()
{
    init_sys();//系统初始化
    while(1)
    {
        ;
    }
}
//*------------定时器中断0------------*//
void timer0() interrupt 1
{
    static uchar key_t;       //按键延时变量
    static uint t1,t2;        //计时变量
    TH0=0xfc;
    TL0=0x18;
    if(shua==0)               //液晶显示,无需时常刷屏
    {
        LCD();
        shua=1;
    }
                              //无需时常进入按键子程序
    if(++key_t>=5)
    {
        key_t=0;
        key();
    }
    //
    if(YN!=0)                 //已按下确定键判断输入正确与否
    {
        if(YN==1)  Green=0;
        else
        {
          if(++t2==500)
```

```
        {
          t2=0;
          Red=! Red;
        }
      }
      if(++t1>=2000)     //correct~error 显示 2s
      {
        t1=0;
        if(mu==1)                     mu=0;      //第 1 幕无论是否正确回到第 0 幕
        else if(mu==2&&YN==1)         mu=3;      //第 2 幕正确则跳至第 3 幕
        else if(mu==2&&YN==2)         mu=0;      //第 2 幕正确则跳至第 0 幕
        else if(mu==3)                mu=4;      //第 3 幕跳至第 4 幕
        else if(mu==4)                mu=0;      //第 4 幕无论是否正确回到第 0 幕
        YN=0;          //正确~错误清零,不占用液晶第二行
        wei=0;         //位数清零
        shua=0;        //刷屏
      }
    } else
    {
      Red=Green=1;
    }
}
```

活动 3 仿真运行

编写好程序文件后，生成 hex 文件，在 Proteus 的单片机中加载该 hex 文件，单击“运行”按钮，首先显示欢迎界面及按键操作提示，根据液晶显示器提示信息可输入密码或更改密码，当密码输入正确时，提示灯绿灯亮，表示开锁，当密码输入错误时，提示灯红灯亮，表示密码输入错误。

【知识链接】

一、I^2C 总线协议

1. I^2C 总线概述

I^2C 总线（Inter IC Bus）是 Philips 公司推出的近年来微电子通信控制领域广泛采用的一种新型总线标准，它是同步通信的一种特殊形式，具有接口线少、控制简单、元器件封装形式小、通信速率较快等优点。在主从通信中，可以有多个 I^2C 总线器件同时接到 I^2C 总线上，所有与 I^2C 兼容的器件都具有标准的接口，通

过地址来识别通信对象，使它们可以经由 I^2C 总线相互直接通信。

I^2C 总线由数据线 SDA 和时钟线 SCL 两条线构成通信新线路，既可以发送数据，也可以接收数据。在 CPU 与 IC 之间、IC 与 IC 之间都可以进行双向传送，最高传输速率为 400kbit/s，各种被控器件均并联在总线上，但每个器件都有唯一的地址。在信息传输过程中，I^2C 总线上并联的每一个器件既是主控器，又是发送器，这取决于它所要完成的功能。CPU 发出的控制信号分为地址码和数据码两部分：地址码用来选址，即连通需要控制的器件；数据码是通信的内容，这样各器件虽然在同一条总线上，却彼此独立。

2. I^2C 总线的硬件结构图

图 7-2 所示为 I^2C 总线的硬件结构图，其中，SCL 是时钟线，SDA 是数据线。I^2C 总线支持多主和主从两种工作方式，常用的为主从工作方式。在主从工作方式中，系统只有一个主器件（单片机），其他器件都是具有 I^2C 总线的外围从器件。在主从工作方式中，主器件启动数据的发送，产生时钟信号，发出停止信号。

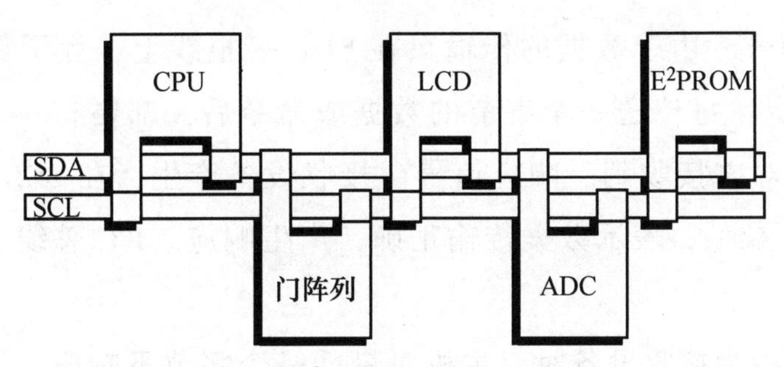

图 7-2　I^2C 总线的硬件结构图

3. I^2C 总线通信格式

（1）数据的有效性　SDA 线上的数据必须在时钟的高电平周期保持稳定，数据线的高或低电平状态只有在 SCL 线的时钟信号是低电平时才能改变，如图 7-3 所示。

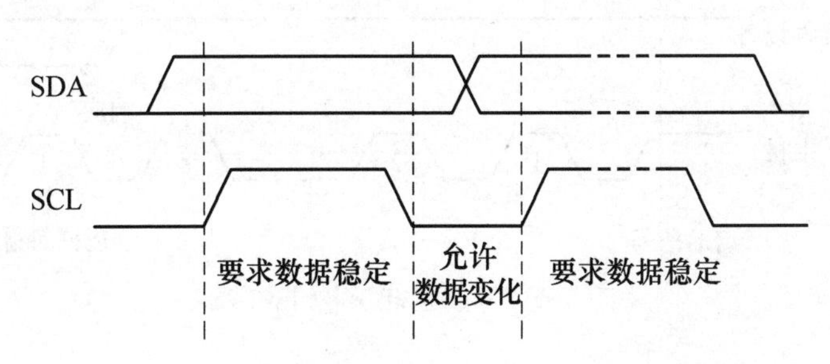

图 7-3　I^2C 总线数据位有效性规则

（2）启动和停止条件　在利用 I^2C 总线进行数据传输时，首先由主机向总线发出启动信号，让 I^2C 总线上的从机知道即将进行数据传输。当 SCL 为高电平时，SDA 从高电平变为低电平出现一个下降沿，表示主机发出了一个启动信号，此时，具有 I^2C 总线接口的器件在总线上会检测到该信号。

在利用 I^2C 总线传输数据完成后，需要主机向从机发送停止信号。当 SCL 为高电平时，SDA 从低电平变为高电平出现一个上升沿表示主机发出停止信号，具有 I^2C 总线接口的器件在总线上检测到该信号表示数据传输结束。启动、停止时序图如图 7-4 所示。

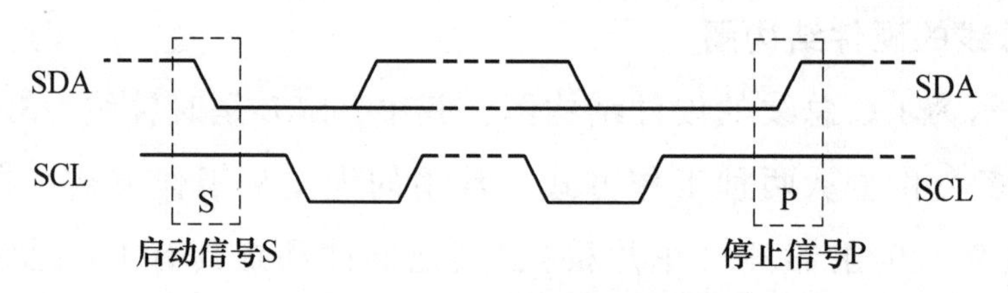

图 7-4　启动、停止时序图

（3）响应信号　由于数据的传输只在 SDA 一根线上，为了保证传输的准确性，I^2C 协议规定，每传送一个字节的数据或命令后，都要有一个响应信号，以确定数据是否被对方接收到。响应信号由接收设备产生，在 SCL 为高电平期间，接收设备将 SDA 拉低，表示数据传输正确，产生响应。I^2C 总线响应时序图如图 7-5 所示。

特例：当主机为接收设备时，主机对最后一个字节不响应，以向发送设备表示数据传送结束，此后，主机向从机再发送一个停止信号，表明此次数据传输结束。

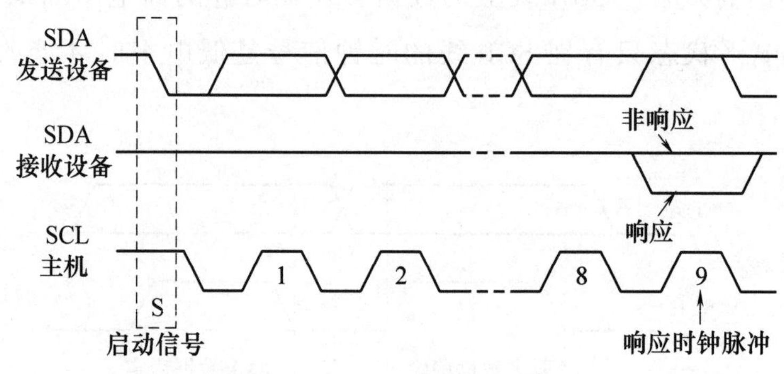

图 7-5　I^2C 总线响应时序图

（4）I^2C 总线的数据传输过程　I^2C 总线上进行一次数据传输的格式如图 7-6

所示。

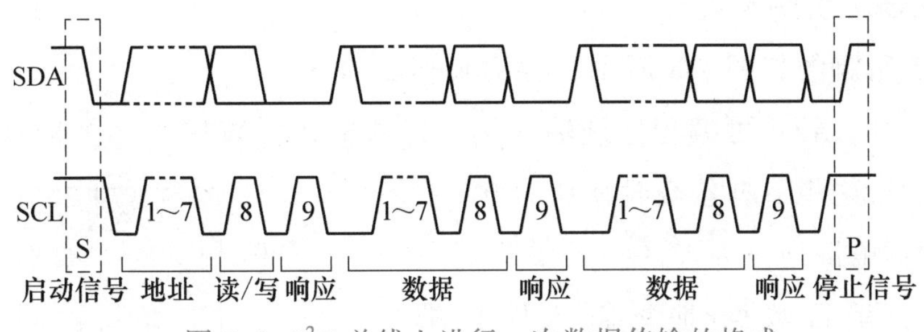

图 7-6　I^2C 总线上进行一次数据传输的格式

主机首先发出启动信号，再发出寻址信号。寻址信号由一个字节构成（如图 7-7 所示），高 7 位为地址位，最低位为方向位，用以表明主机与从机的数据传输方向。方向位（R/$\overline{\text{W}}$）为 0，表明主机向从机进行写操作；方向位（R/$\overline{\text{W}}$）为 1，表明主机对从机进行读操作。

MSB　　LSB

R/$\overline{\text{W}}$

从机地址

图 7-7　寻址字节的位定义

主机发送地址时，总线上的每个从机都将寻址信号中的高 7 位与自己的地址进行匹配，如果相匹配，则认为自己是主机所要寻址的从机，再根据最低位（R/$\overline{\text{W}}$）确定从机为接收或者发送。

其中 7 位从机地址中有 4 位是固定的，3 位是可编程的，3 位可编程位决定了可接入总线该类器件的最大数目。当可编程位为 3 位时，则最多可接入 8 个该类器件。

主机发送寻址信号并得到从机的响应后，便可进行数据传输，每次一个字节，但每次传输都必须在得到从机的响应信号后再进行下一个字节的传输。

二、AT24C02 芯片介绍

1. AT24C02 概述

在某些应用中，需要对系统中的数据进行掉电保护，当系统再次上电时能继续掉电前的数据内容。一种办法是通过给系统提供备用电池及掉电检测电路以使其在掉电后也能保存数据；另一种方法是采用 E^2PROM（电可擦除可编程只读存储器），一种掉电后数据不丢失的存储芯片来存储系统中需要保存的数据。

AT24C02 是 ATMEL 公司生产的具有 I^2C 总线接口的 E^2PROM，其存储量为

2KB，可多次擦写，擦写次数可达 10 万次以上。

2. AT24C02 引脚配置

AT24C02 引脚图如图 7-8 所示，各引脚功能如下：

1）A0、A1、A2：可编程地址输入端。这些输入引脚用于多个器件级联时设置器件地址，当这些引脚悬空时默认为 0。

2）GND：电源地。

3）SDA：串行数据/地址输入输出端。SDA 是一个开路输出引脚，可与其他开路输出或集电极开路输出进行线或。

4）SCL：串行时钟输入端。用于产生器件所有数据发送接收的时钟信号。

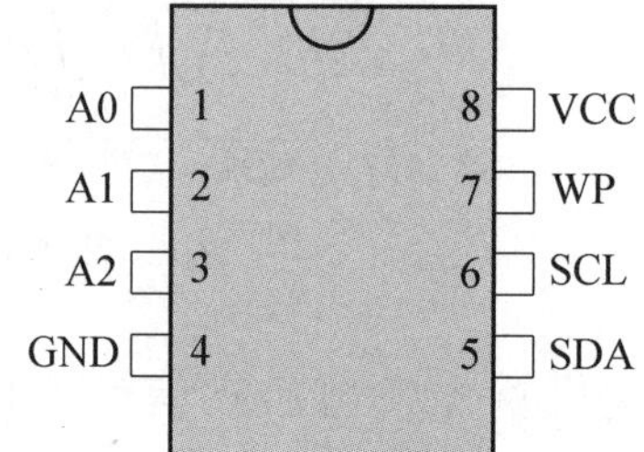

图 7-8　AT24C02 引脚图

5）WP：写保护输入端，用于硬件数据保护。当其为低电平时，可对整个存储器进行正常的读/写操作；当其为高电平时，存储器具有写保护功能，但读操作不受影响。

6）VCC：电源端。

3. 寻址与存储结构

AT24C02 的存储容量为 2KB，在芯片内部分成 32 页，每页 8B，总共 256B，寻址包括两部分：芯片寻址与片内存储空间寻址。

（1）芯片寻址　AT24C02 芯片的固定地址为 1010，其地址格式为 1010A2A1A0 $R/\overline{W}$。其中 A2、A1、A0 为可编程地址选择位，A2、A1、A0 根据对应引脚所接的高低电平确定，与高四位固定地址 1010 形成 7 个地址编码，即该芯片的地址码。最低位 $R/\overline{W}$ 为芯片读写控制位，该位为 0，表示对芯片进行写操作，该位为 1，表示对芯片进行读操作。

（2）片内存储空间寻址　AT24C02 存储容量为 2KB，内部有 256 个存储单元，其寻址范围为 00～FF，共 256 个寻址单元。

4. 读写操作时序

E^2PROM 有两种读写方式：一种是按字节读写，另一种是按页读写。按字节读写指读写指定的一个字节地址的内容；按页读写指对一个字节到一页的若干字节进行连续地读写（AT24C02 的页面大小为 8 字节）。

AT24C02 内部有一个地址累加器，片内地址每接收到一个字节数据后地址累加

器会自动加一，因此在进行按页读写时，只需要输入首地址，便可进行连续读写，直到此页的最后一个字节。但值得注意的是，当连续写到某页的最后一个字节时，主器件如果继续发送数据，数据会重新从该页的首地址写入，进而造成原来的数据丢失。解决这个问题的办法是当某页的最后一个字节写入数据后，将地址强制加一，或者重新开始一次数据传输过程，将下一页的首地址重新赋给寄存器。

（1）按字节写入　单片机在一次数据传输过程中只访问一个字节的存储单元，在字节写入过程中，单片机先发送启动信号，然后送一个字节的地址控制字，在接收到响应信号后再发送一个字节的片内存储单元地址，得到响应后，发送 8 位数据，最后发送停止信号，这样一个字节的数据就写入 AT24C02。按字节写入发送方式如图 7-9 所示。

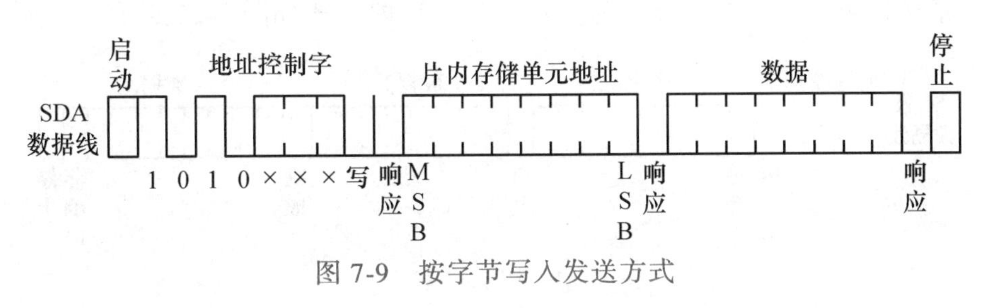

图 7-9　按字节写入发送方式

（2）按页写入　单片机在一次数据传输过程中可以连续访问一页（8 字节）的存储单元，和字节写入过程相似，按页写入也需要先发送一个启动信号、地址控制字，在接收到响应信号后发送一个字节的片内存储单元地址，这个地址为所要存放一串数据的首地址，再次接收到响应信号后就可以发送最多一页（8 字节）的数据，顺序存储在以起始地址开始的存储单元内，最终以停止信号结束。按页写入发送方式如图 7-10 所示。

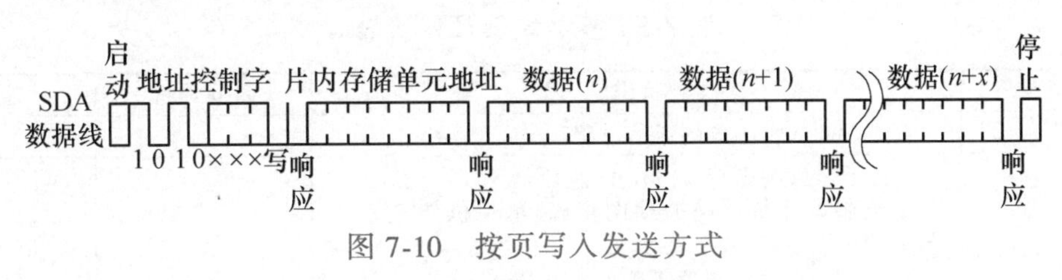

图 7-10　按页写入发送方式

（3）按字节读　单片机在发送启动信号后先发送地址控制字，此地址控制字最后一位为 1，代表读操作，收到响应信号后再发送片内存储单元地址，在 AT24C02 产生响应信号后，此时单片机重新连续发送一次启动信号和地址控制字，再次接收到应答信号后，被访问的单元数据会按照 SCL 信号同步出现在 SDA 信号线上。具体按字节读取方式如图 7-11 所示。

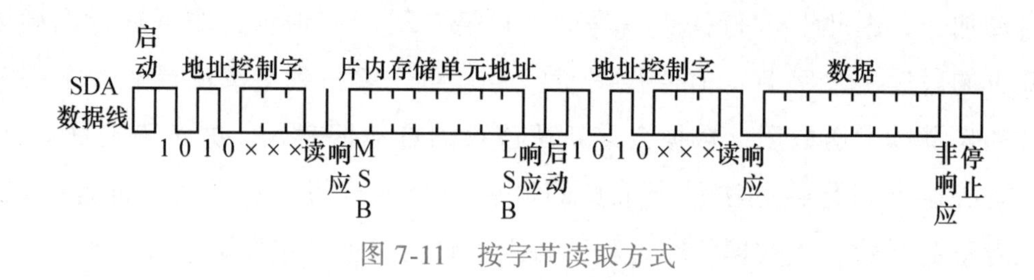

图 7-11 按字节读取方式

（4）按页读 前面已经讲过按页读，实际上就是在一页范围内连续单元数据的读取。单片机每接收到一个字节的数据后作出响应，只要 AT24C02 检测到响应信号，其内部的地址累加器就会自动加一，指向下一个存储单元，并顺序将指向的单元数据放到 SDA 数据线上。当需要结束读操作时，单片机在接收到数据后向总线发送一个非响应信号，紧接着再发送一个停止信号即可。按页读取方式如图 7-12 所示。

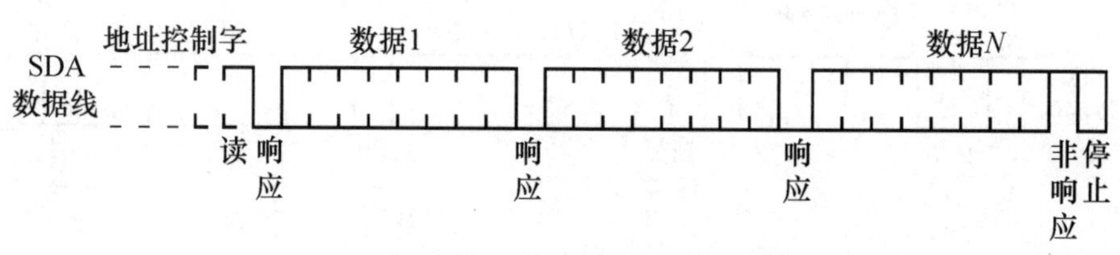

图 7-12 按页读取方式

【技能增值及评价】

通过本任务的学习，你的单片机的 I/O 口扩展知识和操作技能肯定有极大的提高，请花一点时间加以总结，看看自己在哪些方面得到了提升，哪些方面仍需加油，在自我评价的基础上，还可以让教师或同学进行评价，这样的评价更客观，请填写表 7-3。

表 7-3 技能增值及评价表

评价方向	评价内容	自我评价	小组评价
理论知识	简述 I^2C 总线协议的通信过程		
实操技能	通过 I^2C 总线读写 AT24C02 芯片： 1. 绘制单片机电路原理图正确，单片机能正常工作，得 10 分 2. 绘制 I^2C 总线电路正确，得 10 分 3. 绘制 AT24C02 电路正确，得 10 分 4. 编写单片机程序正确，I^2C 总线和单片机通信正常，得 20 分 5. 编写单片机程序正确，I^2C 总线和单片机通信正常，能够读取 AT24C02 芯片内存储的内容，得 20 分 6. 编写单片机程序正确，I^2C 总线和单片机通信正常，能够向 AT24C02 芯片内存储内容，得 30 分		

注：理论知识可以从“优秀”“一般”“仍需努力”方面进行评价。

任务二　环境温度检测系统的制作

通过控制数字温度传感器 DS18B20 检测周围环境的温度，并在 1602 液晶显示器上显示实时温度，学习 DS18B20 的内部结构、工作过程及控制方式，掌握单总线数据传输的应用。

【任务布置】

本任务的学习内容见表 7-4。

表 7-4　任务布置

任务名称	环境温度检测系统的制作	学习时间	2 学时
任务描述	通过 DS18B20 单总线采集环境温度,1602 液晶显示器显示实时温度		

【任务分析】

环境温度的检测是人类日常生活中的一项重要参数，但由于单片机系统的设备较多，为了节约单片机的 I/O 端口资源，经常会选用单总线数字温度传感器 DS18B20 进行环境温度的采集。

AT89C51 单片机通过 P1.7 口与数字温度传感器 DS18B20 的单总线电极 DQ 引脚相连接，通过单片机的 P1.7 口和 DS18B20 的 DQ 引脚完成数据的读和写，单片机的 P0 口接字符型液晶显示器 1602 的 8 位数据总线，通过编程控制 RS、R/W、E 引脚，使 1602 液晶显示器显示不同时间的温度值。

【任务实施】

根据任务分析，设计出硬件电路图，在 Proteus 上进行绘制，然后在 Keil 软件中采用 C 语言对单片机进行编程，使用 Proteus 进行仿真和调试。

活动 1　绘制电路原理图

环境温度检测系统的硬件电路图如图 7-13 所示，单片机 P1.7 口连接 DS18B20 的 DQ 引脚。单片机的 P0 口连接字符型液晶显示器 1602 的 8 位数据总线，并串接 8 位上拉电阻。单片机的 P2.0 连接 LCD1602 的寄存器选择引脚 RS，P2.1 连接 LCD1602 的读写操作选择引脚 R/W，P2.2 连接 LCD1602 的使能信号引脚 E。

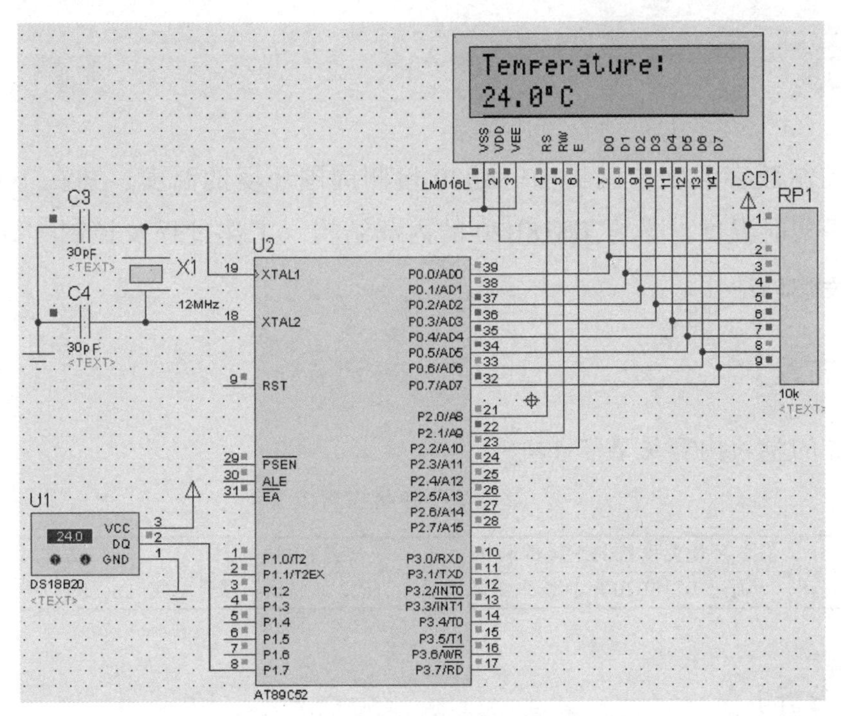

图 7-13　环境温度检测系统的硬件电路图

电路图中的元器件参数见表 7-5。

表 7-5　元器件参数

序　　号	元器件符号	元器件型号	备　　注
1	U1	DS18B20	
2	U2	AT89C52	
3	LCD1	LM016L	1602
4	RP1	排阻	10kΩ
5	C3	电容	30pF
6	C4	电容	30pF
7	X1	晶振	12MHz

活动 2　编写程序文件

单片机控制 DS18B20 在 LCD1602 上显示实时温度的 C 语言程序如下：

```
#define _1_C_
#include "reg51.h"
#include "1.h"
#include "intrins.h"
//*--------------宏定义---------------*//
#define uchar unsigned char
#define uint unsigned int
```

```
//* -------------小液晶端口------------ *//
sbit RS=P2^0;
sbit RW=P2^1;
sbit EN=P2^2;
//--------------DS18B20 端口------------- *//
sbit DQ=P1^7;
//--------------显示内容-------------- *//
uchar code table[ ]="Temperature:";
//* ---------------变量---------------- *//
uint wen=100,wen_buf=123;
//* --------------初始化--------------- *//
void init_sys( )
{
  TMOD=0x01;
  TH0=0xfc;
  TL0=0x18;
  EA=1;
  ET0=1;
  TR0=1;
}
//* -------------毫秒延时-------------- *//
void delay(uchar x)
{
  uchar j;
  while (x--)
  {
    for(j=0;j<123;j++);
  }
}
//* -------------微秒延时-------------- *//
void   delayus(uchar x)
{
  uchar j;
  for (j=x;j<100;j--);
}
//* --------------写命令--------------- *//
void w_com(uchar com)
{
  P0=com;
  RW=0;
  RS=0;//命令
  EN=0;//上升沿有效
  delay(5);
```

```
  EN=1;
}
//*--------------写数据---------------*//
void w_dat(uchar dat)
{
  P0=dat;
  RW=0;
  RS=1;//数据
  EN=0;//上升沿有效
  delay(5);
  EN=1;
}
//*-------------写一串字----------------*//
void display()//zb--坐标,what--选择内容
{
  uchar num=0;//选择写第几个字符的变量
  w_com(0x80);
  //循环写完一串字符
  while(table[num]!='\0')
  {
    w_dat(table[num]);//第 what 内容的 num 个字符
    num++;              //写下一个字符
    delay(3);
  }
}
//*------------清屏初始化-------------*//
void init_LCD()
{
  P0=0;
  w_com(0x38);     //显示模式设置,开始要求检测忙信号:8 位、2 行、5×7 点阵
  w_com(0x08);     //关闭显示
  w_com(0x01);     //清屏
  w_com(0x06);     //显示光标移动设置:文字不动,光标自动右移
  w_com(0x0c);     //显示开及光标设置:光标关
}
void LCD()
{
  display();
  w_com(0xc0);
  w_dat(wen/100+0x30);
  w_dat(wen/10%10+0x30);
  w_dat('.');
  w_dat(wen%10+0x30);
```

```
    w_dat(0xdf);
    w_dat('C');
  }
//.......................DS18B20 温度检测............................//
void init18b20(void)   //DS18b20 初始化
{
  uchar x;
  DQ=1;
  delayus(5);
  DQ=0;
  delayus(80);
  DQ=1;
  delayus(10);
  x=DQ;
  delayus(10);
}
void write18b20(uchar dat)   //写数据
  uchar i;
  for(i=0;i<8;i++)
  {
    DQ=0;
    DQ=dat&0x01;
    delayus(5);
    DQ=1;
    dat>>=1;
  }
  delayus(5);
}
uchar read18b20(void)        //读数据
{
  uchar dat=0;
  uchar i;
  for(i=0;i<8;i++)
  {
    DQ=0;
    dat>>=1;
    DQ=1;
    if(DQ) dat|=0x80;
    delayus(5);
  }
  return(dat);
}
void readtmp(void)        //读温度
{
```

```
    uchar a,b,c;
    init18b20();
    write18b20(0xcc);   //跳过读序列号
    write18b20(0x44);   //开始转换
    init18b20();
    write18b20(0xcc);   //跳过读序列号
    write18b20(0xbe);   //读取温度
    a=read18b20();
    b=read18b20();
    c=a&0x0f;           //分离出小数部分
    b=(b&0x0f)<<4;
    b|=(a&0xf0)>>4;  //b 里放整数
    wen=b;
    wen=wen * 10;
//   xiaoshu=625 * c;  //可以直接用移位,不用小数位可去掉
}
void main()
{
    init_LCD();           //清屏初始化
    init_sys();
    while (1)
    {
    }
}
void timer0() interrupt 1
{
    static uint t1;
    TH0=0xfc;
    TL0=0x18;
    //
    if(wen!=wen_buf)       //温度变化时才刷新一次
    {
        wen_buf=wen;
        LCD();
    }
    //无需实时刷新
    if(++t1>=500)
    {
        t1=0;
        readtmp();
    }
}
```

活动 3　仿真运行

编写好程序文件后，生成 hex 文件，在 Proteus 的单片机中加载该 hex 文件，单击“运行”按钮，LCD1602 上显示周围环境的实时温度。

【知识链接】

一、单总线技术

单总线技术是只有一个总线命令者和一个或多个从者组成的计算机应用系统。单总线系统由硬件配置、处理次序和单总线信号三部分组成。系统按单总线协议规定的时序和信号波形进行初始化、识别器件和数据交换。

1. 硬件配置

单总线系统只定义了一根信号线。总线上的每个器件都能够在合适的时间驱动它，相当于把计算机的地址线、数据线、控制线合为一根信号线对外进行数据交换。为了区分这些芯片，厂家在生产每个芯片时，都编制了唯一的序列号，通过寻址就能把芯片识别出来。这样做能使这些器件挂在一根信号线上进行码分多址、串行分时数据交换，组成一个自动测控系统或一个自动收费系统，甚至还可以用单总线组成一个微型局域网。厂家对每个芯片用激光刻录的一个 64 位二进制 ROM 代码。从最低位开始，前 8 位是族码，表示产品的分类编号；接着的 48 位是一个唯一的序列号；最后 8 位是前 56 位的 CRC 校验码。CRC（Cyclic Redundancy Check）称为循环冗余码检测，是数据通信中校验数据传输是否正确的一种方法。在使用时，根据总线命令者读入 ROM 中 64 位二进制码后，将前 56 位按 CRC 多项式（这里是 X8+X5+X4+1）计算出 CRC 值，然后与 ROM 中高 8 位的 CRC 值比较，若相同则表明数据传送正确，否则要求重传。48 位序列号是一个 15 位的十进制编码，这么长的编码完全可为每个芯片编制一个全世界惟一的号码，也称之为身份证号，可以被寻址识别出来。此外，芯片内还含有收、发控制和电源存储电路，其示意图如图 7-14 所示。

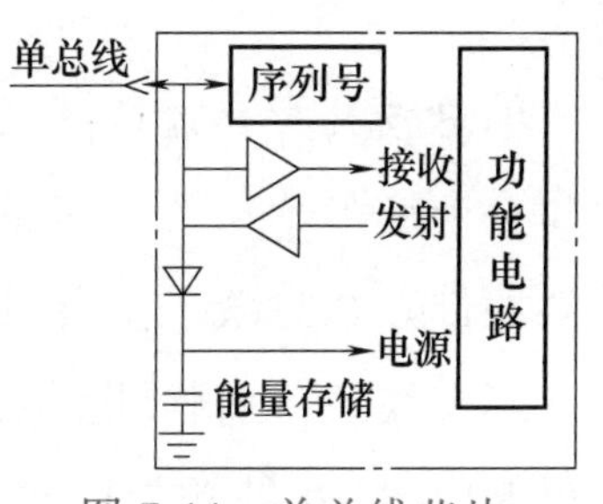

图 7-14　单总线芯片入口的示意图

这些芯片采用 CMOS 技术，耗电量都很小，从单总线上“偷”一点电（空闲时几 μW，工作时几 mW）存在芯片内电容中就可正常工作了，故一般不用另附电源。单总线上通常处于高电位（5V 左右），每个器件都能在需要时驱动它。因此，挂在总线上的每个器件必须是漏极开路或者是三态输出的，这样，不工作时不会给总线增加功耗。

单总线的数据传输有两种模式，通常以 16.3kbit/s 的速率通信，超速模式可达 142kbit/s。因此，只能用于对速度要求不高的场合，一般用于 100kbit/s 以下速率的测控或数据交换系统中。

以上内容是单总线技术协议所要求的，各种芯片都具备这些基本内容，然后才是某种具体的芯片功能，如 A-D 转换器、温度计等。应当指出，单总线技术作用距离在单片机 I/O 直接驱动下可达 200m，经扩展可达 1000m 以上，允许挂上百个器件，能满足一般测控系统的要求。

2. 处理次序

处理次序是软件设计的任务。在单总线系统中，软件设计是技术的关键。简洁的硬件配置是靠复杂的软件来支撑的。在 PC 作主控机时，单总线软件设计基于 Dallas 公司授权的软件开发商提供的成套开发工具，为软件开发应用带来很大的便利。而用单片机作主控机时，得由自己依据单总线协议，用汇编语言或 C 语言来编写全部软件，给开发应用增加了一定的难度。处理次序保证数据可靠地传送，任一时刻单总线上只能有一个控制信号或数据。处理次序操作时，一般有以下四个过程：①初始化；②传送 ROM 命令；③传送 RAM 命令；④数据交换。

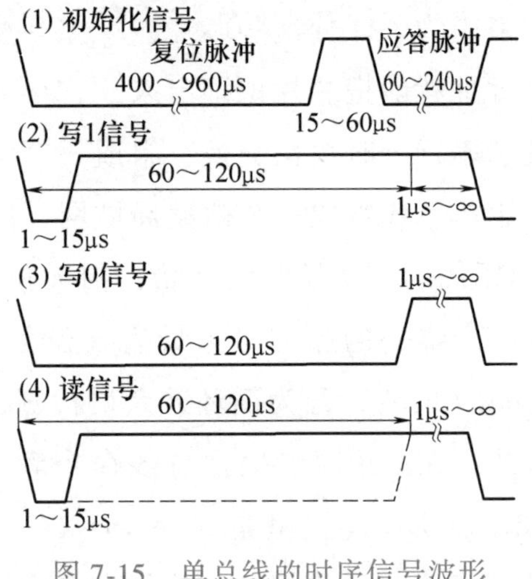

图 7-15 单总线的时序信号波形

单总线上所有处理都从初始化开始。初始化时序由总线命令者发出的复位脉冲和一个或多个从者发出的应答脉冲组成。“应答脉冲”是从者让总线命令者知道某器件是在总线上，并准备工作。单总线的时序信号波形如图 7-15 所示。

当总线命令者检测到某器件的存在时，就会发出传送 ROM 功能命令。单总线协议规定 ROM 的功能层次结构如图 7-16 所示。

单总线命令者首先必须发送 7 个 ROM 功能命令中的一个命令：①读 ROM（总线上只有一个器件时，如读 DS2401 的序列号）；②匹配 ROM（总线上有多个器件时，寻址某个器件)；③查找ROM（系统首次启动后，须识别总线上各器件)；④跳过ROM（总线上只有一个器件时，可跳过读ROM命令直接向器件发送命令，以节省时间)；⑤超速匹配ROM（超速模式下寻址某个器件)；⑥超速跳过ROM（超速模式下跳过读ROM命令)；⑦条件查找ROM（只查找输入电压超过设置的报警门限值的某个器件)。这些操作在手册中都有具体的命令码供编程使用。当成功执行上述命令之一后，总线命令者可发送任何一个可使用的命令来访问存储和控制功能，进行数据交换。所有数据的读写都是从最低位开始的。

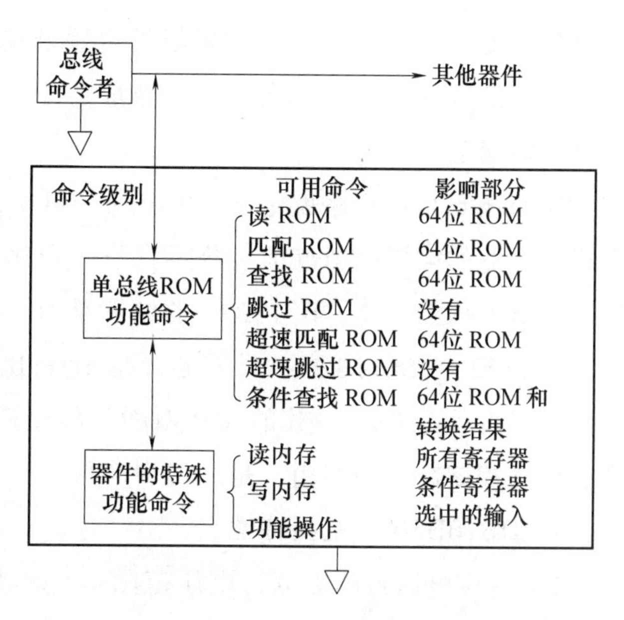

图 7-16　ROM 的功能层次结构

3. 单总线信号

单总线传送数据或命令是由一系列的时序信号组成的，单总线上共有4种时序信号：①初始化信号；②写1信号；③写0信号；④读信号。图7-15给出了常规模式下这4种波形的示意图。各器件的应用手册中对这4种波形参数（如脉冲上升时间、宽度和间隙等）都作了具体的要求，设计中应保证指令执行时间小于或等于时序信号中的最小时间。这部分软件必须用单片机的汇编语言进行编程，以确保严格的时间关系，且注意当单片机工作频率不同时，单总线的时延值是不同的。

二、DS18B20温度传感器的使用

美国DALLAS半导体公司的数字化温度传感器DS1820是世界上第一片支持“一线总线”接口的温度传感器，在其内部使用了在板专利技术。全部传感元件及转换电路集成在形如一只晶体管的集成电路内。一线总线独特而且经济的特点，使用户可轻松地组建传感器网络，为测量系统的构建引入全新概念。现在，新一代的DS18B20体积更小、更经济、更灵活，使用户可以充分发挥“一线总线”的优点。目前在传统的模拟信号远距离温度测量系统中，需要很好地解决引线误差补偿、多点测量切换误差和放大电路零点漂移误差等技术问题，才能够达到较高

的测量精度。另外，一般监控现场的电磁环境都非常恶劣，各种干扰信号较强，模拟温度信号容易受到干扰而产生测量误差，影响测量精度。DS18B20 能很好地解决这些问题。

DS18B20 可用程序设定 9~12 位的分辨率，精度为±0.5℃；可选更小的封装方式，更宽的电压适用范围；分辨率设定及用户设定的报警温度存储在 E^2PROM 中，掉电后依然保存；DS18B20 的性能是新一代产品中最好的，性价比也非常出色。DS1822 与 DS18B20 软件兼容，是 DS18B20 的简化版本，省略了存储用户定义报警温度、分辨率参数的 E^2PROM，精度降低为±2℃，适用于对性能要求不高、成本控制严格的应用，是经济型产品。

1. DS18B20 的主要特性

1）适应电压范围更宽，电压范围：3.0~5.5V，在寄生电源方式下可由数据线供电。

2）独特的单线接口方式，DS18B20 在与微处理器连接时仅需要一条接口线即可实现微处理器与 DS18B20 的双向通信。

3）DS18B20 支持多点组网功能，多个 DS18B20 可以并联在唯一的三线上，实现组网多点测温。

4）DS18B20 在使用中不需要任何外围元件，全部传感元件及转换电路集成在形如一只晶体管的集成电路内。

5）温度范围-55~125℃，在-10~85℃时精度为±0.5℃。

6）可编程的分辨率为 9~12 位，对应的可分辨温度分别为 0.5℃、0.25℃、0.125℃和 0.0625℃，可实现高精度测温。

7）在 9 位分辨率时最多在 93.75ms 内把温度值转换为数字，12 位分辨率时最多在 750ms 内把温度值转换为数字，速度更快。

8）测量结果直接输出数字温度信号，以"一线总线"串行传送给 CPU，同时可传送 CRC 校验码，具有极强的抗干扰纠错能力。

9）负压特性：电源极性接反时，芯片不会因发热而烧毁，但不能正常工作。

2. DS18B20 的外形和内部结构

DS18B20 的外形及引脚排列如图 7-17 所示，内部结构图如图 7-18 所示。

（1）DS18B20 引脚定义

1）DQ 为数字信号输入输出端。

2）GND 为电源地。

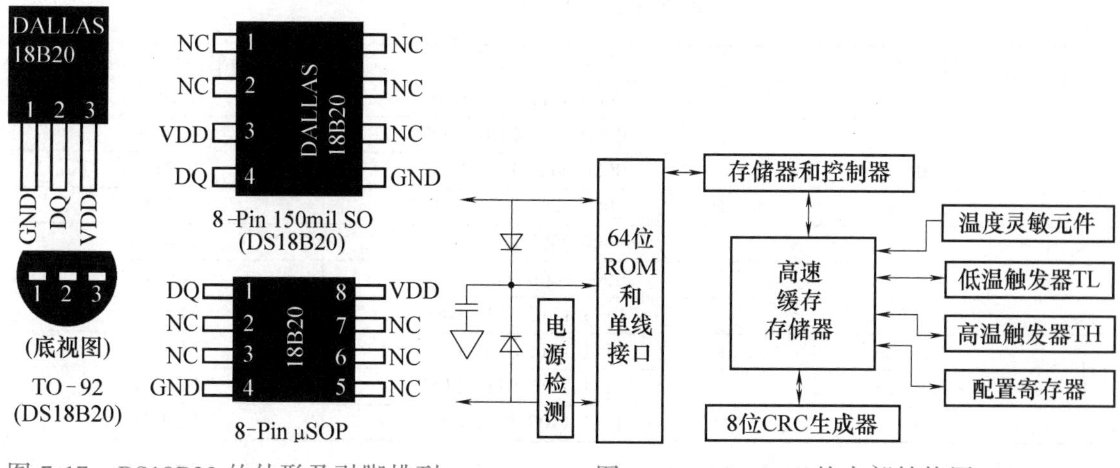

图 7-17　DS18B20 的外形及引脚排列　　　图 7-18　DS18B20 的内部结构图

3）VDD 为外接供电电源输入端（在寄生电源接线方式时接地）。

（2）DS18B20 的主要部件　DS18B20 有 4 个主要的数据部件，分别介绍如下：

1）光刻 ROM 中的 64 位序列号是出厂前被光刻好的，它可以看作是该 DS18B20 的地址序列码。64 位光刻 ROM 的排列是：开始 8 位（28H）是产品类型标号，接着的 48 位是该 DS18B20 自身的序列号，最后 8 位是前面 56 位的循环冗余校验码（CRC=X8+X5+X4+1）。光刻 ROM 的作用是使每一个 DS18B20 都各不相同，这样就可以实现一根总线上挂接多个 DS18B20 的目的。

2）DS18B20 中的温度传感器可完成对温度的测量，以 12 位转化为例：用 16 位符号扩展的二进制补码读数形式提供，以 0.0625℃/LSB 形式表达，其中 S 为符号位。温度寄存器格式见表 7-6。

表 7-6　温度寄存器格式

	bit 7	bit 6	bit 5	bit 4	bit 3	bit 2	bit 1	bit 0
LSB	2^3	2^2	2^1	2^0	2^{-1}	2^{-2}	2^{-3}	2^{-4}

	bit 15	bit 14	bit 13	bit 12	bit 11	bit 10	bit 9	bit 8
MSB	S	S	S	S	S	2^6	2^5	2^4

这是 12 位转化后得到的 12 位数据，存储在 DS18B20 的两个 8 位的 RAM 中，二进制中的前面 5 位是符号位，如果测得的温度大于 0，这 5 位为 0，只要将测到的数值乘于 0.0625 即可得到实际温度；如果温度小于 0，这 5 位为 1，测到的数值需要取反加 1 再乘于 0.0625 即可得到实际温度。

例如 125℃的数字输出为 07D0H，25.0625℃的数字输出为 0191H，-25.0625℃的数字输出为 FE6FH，-55℃的数字输出为 FC90H。温度/数据关系见表 7-7。

表 7-7 温度/数据关系

温度/℃	数据输出(二进制)	数据输出(十六进制)
125	0000 0111 1101 0000	07D0H
85	0000 0101 0101 0000	0550H
25.0625	0000 0001 1001 0001	0191H
10.125	0000 0000 1010 0010	00A2H
0.5	0000 0000 0000 1000	0008H
0	0000 0000 0000 0000	0000H
-0.5	1111 1111 1111 1000	FFF8H
-10.125	1111 1111 0101 1110	FF5EH
-25.0625	1111 1110 0110 1111	FE6FH
-55	1111 1100 1001 0000	FC90H

3）DS18B20 温度传感器的存储器。DS18B20 温度传感器的内部存储器包括一个高速暂存 RAM 和一个非易失性的可电擦除的 E^2PRAM，后者存放高温度和低温度触发器 TH、TL 和结构寄存器。

4）配置寄存器。配置寄存器结构见表 7-8。

表 7-8 配置寄存器结构

TM	R1	R0	1	1	1	1	1

低五位一直都是“1”，TM 是测试模式位，用于设置 DS18B20 在工作模式还是在测试模式。在 DS18B20 出厂时该位被设置为 0，用户不要去改动。R1 和 R0 用来设置分辨率，见表 7-9（DS18B20 出厂时被设置为 12 位）。

表 7-9 温度分辨率设置表

R1	R0	分辨率	温度最大转换时间/ms
0	0	9 位	93.75
0	1	10 位	187.5
1	0	11 位	375
1	1	12 位	750

3. DS18B20 工作原理

根据 DS18B20 的通信协议，主机（单片机）控制 DS18B20 完成温度转换必须经过三个步骤：每一次读写之前都要对 DS18B20 进行复位操作，复位成功后发送一条 ROM 指令，最后发送 RAM 指令，这样才能对 DS18B20 进行预定的操作。复位要求主 CPU 将数据线下拉 500ms，然后释放，当 DS18B20 收到信号后等待 16~60ms 随后发出 60~240ms 的低脉冲，主 CPU 收到此信号表示复位成功。DS18B20 的功能命令见表 7-10。

表 7-10　DS18B20 的功能命令

指令	协议	功　能
读 ROM	33H	读 DS18B20 中的编码(即 64 位地址)
符合 ROM	55H	发出此命令后,接着发出 64 位 ROM 编码,访问单总线上与该编码相对应的 DS18B20,使之做出响应,为下一步对该 DS18B20 的读写做准备
搜索 ROM	0F0H	用于确定挂接在同一总线上 DS18B20 的个数和识别 64 位 ROM 地址,为操作各器件做好准备
跳过 ROM	0CCH	忽略 64 位 ROM 地址,直接向 DS18B20 发送温度转换命令,适用于单个 DS18B20 工作
报警搜索命令	0ECH	温度超过设定值上限或下限,芯片做出响应
温度转换	44H	启动 DS18B20 进行温度转换,转换时间最长为 500ms(典型为 200ms),结果存入内部 9 字节 RAM 中
读暂存器	BEH	读内部 RAM 中 9 字节的内容
写暂存器	4EH	发出向内部 RAM 的第 3、4 字节写上、下温度数据命令,紧跟该命令之后,传达两字节的数据
复制暂存器	48H	将 RAM 中第 3、4 字内容复制到 E^2PROM 中
重调 E^2PROM	0B8H	将 E^2PROM 中内容恢复到 RAM 中的第 3、4 字节
读供电方式	0B4H	读 DS18B20 的供电模式,寄生供电时 DS18B20 发送“0”,外部供电时 DS18B20 发送“1”

DS18B20 采用严格的单总线通信协议，以保证数据的完整性。该协议定义了几种信号时序：复位时序、读时序、写时序。除了复位时序的应答脉冲，所有这些信号都由主机发出同步信号。总线上传输的所有数据和命令都是以字节的低位在前。

（1）DS18B20 的复位时序（见图 7-19）

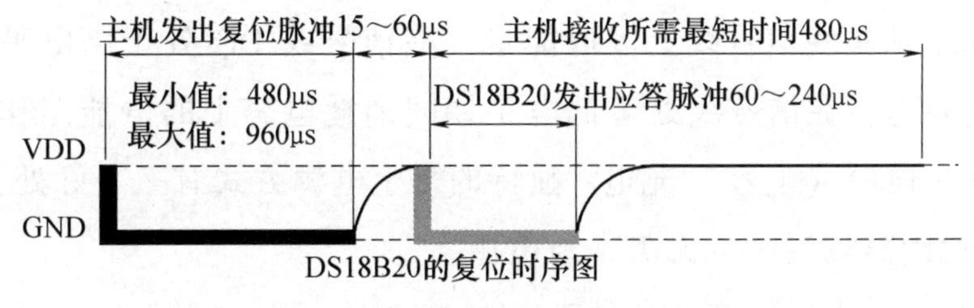

图 7-19　DS18B20 的复位时序

（2）DS18B20 的读时序　DS18B20 的读时序分为读 0 时序和读 1 时序两个过程，如图 7-20 所示。对于 DS18B20 的读时序是从主机把单总线拉低之后，在 15s 之内就得释放单总线，以让 DS18B20 把数据传输到单总线上。DS18B20 完成一个读时序过程，至少需要 60μs。

（3）DS18B20 的写时序　DS18B20 的写时序仍然分为写 0 时序和写 1 时序两个过程，如图 7-21 所示。对于 DS18B20 写 0 时序和写 1 时序的要求不同，当要写 0 时序时，单总线要被拉低至少 60μs，保证 DS18B20 能够在 15～45μs 之间正确地

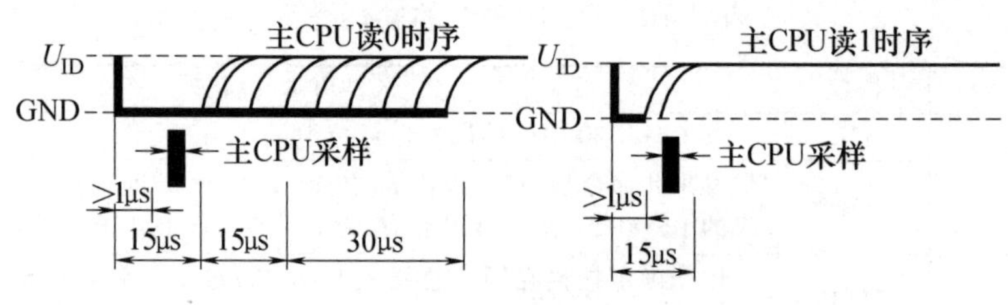

图 7-20 DS18B20 的读时序

采样 I/O 总线上的“0”电平，当要写 1 时序时，单总线被拉低之后，在 15μs 之内就得释放单总线。

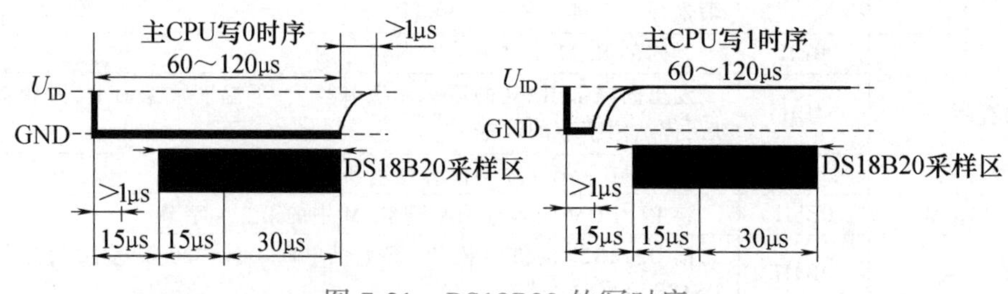

图 7-21 DS18B20 的写时序

4. DS18B20 的应用电路

DS18B20 测温系统具有测温系统简单、测温精度高、连接方便、占用口线少等优点。下面介绍 DS18B20 几个不同应用方式下的测温电路图。

（1）DS18B20 寄生电源供电方式电路图 如图 7-22 所示，在寄生电源供电方式下，DS18B20 从单线信号线上汲取能量：在信号线 DQ 处于高电平期间把能量存储在内部电容里，在信号线处于低电平期间消耗电容上的电能工作，直到高电平到来再给寄生电源（电容）充电。独特的寄生电源方式有三个好处：

1）进行远距离测温时，无需本地电源。

2）可以在没有常规电源的条件下读取 ROM。

3）电路更加简洁，仅用一根 I/O 线实现测温。

要想使 DS18B20 进行精确的温度转换，I/O 线必须保证在温度转换期间提供足够的能量，由于每个 DS18B20 在温度转换期间工作电流达到 1mA，当几个温度传感器挂在同一根 I/O 线上进行多点测温时，只靠 4.7kΩ 上拉电阻无法提供足够的能量，会造成无法转换温度或温度误差极大。因此，图 7-22 所示电路只适合单一温度传感器测温情况下使用，不适合用于电池供电系统中，并且工作电源 VCC 必须保证在 5V，当电源电压下降时，寄生电源能够汲取的能量也降低，会使温度误差变大。

（2）DS18B20寄生电源强上拉供电方式电路　改进的寄生电源供电方式如图7-23所示，为了使DS18B20在动态转换周期中获得足够的电流供应，当进行温度转换或复制到E^2PROM操作时，用MOSFET把I/O线直接拉到VCC就可提供足够的电流，在发出任何涉及复制到E^2PROM或启动温度转换的指令后，必须在最多10μs内把I/O线转换到强上拉状态。在强上拉方式下可以解决电流供应不足的问题，因此也适合于多点测温应用，缺点就是要多占用一根I/O口线进行强上拉切换。

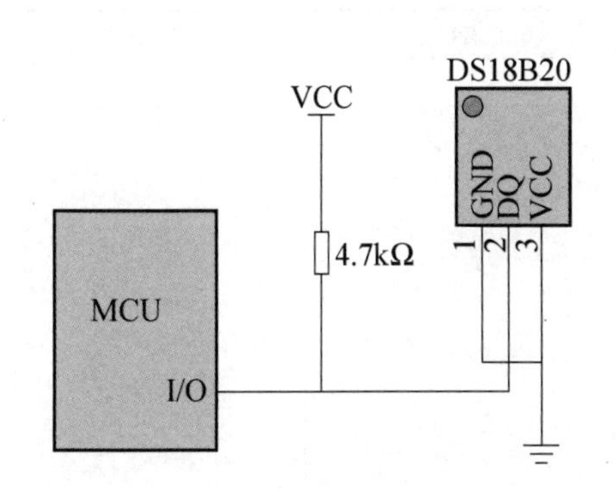

图7-22　DS18B20寄生电源供电方式

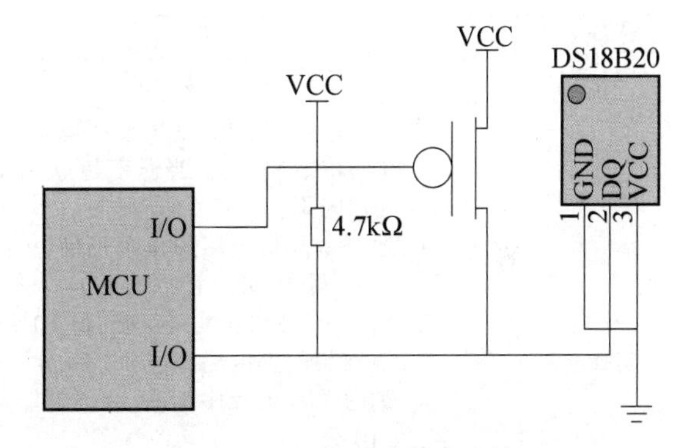

图7-23　DS18B20温度转换器间的强上拉供电（寄生电源方式）

（3）DS18B20的外部电源供电方式　外部电源供电方式如图7-24和图7-25所示，在外部电源供电方式下，DS18B20工作电源由VCC引脚接入，此时I/O线不需要强上拉，不存在电源电流不足的问题，可以保证转换精度，同时在总线上理论上可以挂接任意多个DS18B20传感器，组成多点测温系统。在外部供电的方式下，DS18B20的GND引脚不能悬空，否则不能转换温度，读取的温度总是85℃。

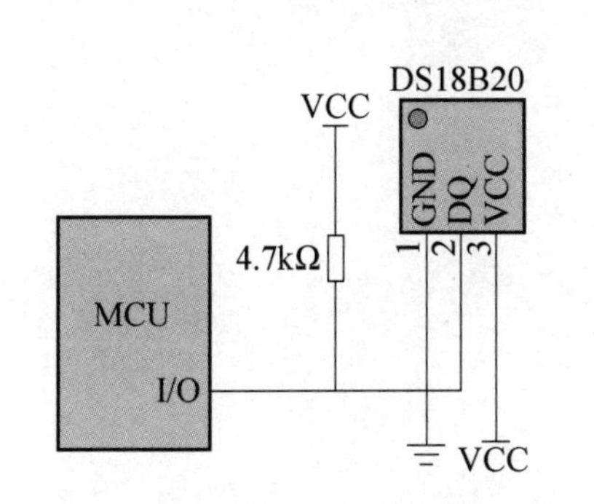

图7-24　DS18B20外部电源供电方式

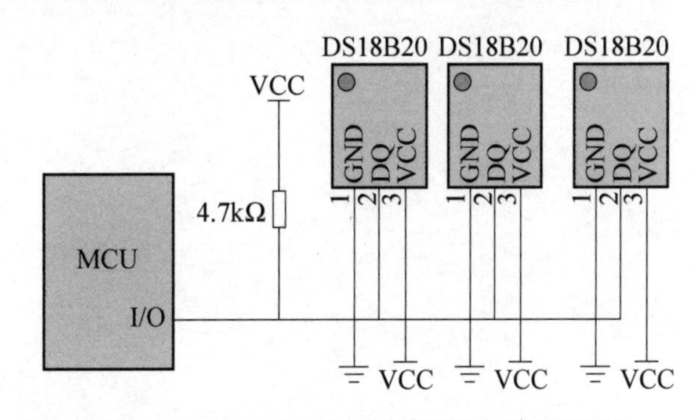

图7-25　DS18B20多点测温电路原理图

外部电源供电方式是DS18B20最佳的工作方式，工作稳定可靠，抗干扰能力强，而且电路也比较简单，可以开发出稳定可靠的多点温度监控系统。

【技能增值及评价】

通过任务的学习，你在单片机控制温度传感器 DS18B20 方面肯定有极大的提高，请花一点时间加以总结，看看自己在哪些方面得到了提升，哪些方面仍需加油，在自我评价的基础上，还可以让教师或同学进行评价，这样的评价更客观，请填写表 7-11。

表 7-11 技能增值及评价表

评价方向	评价内容	自我评价	小组评价
理论知识	简述单总线信号传输过程		
实操技能	单片机通过 DS18B20 采集环境温度,温度显示在两位数码管上,当温度超过 30℃ 时数码管进行闪烁: 1. 绘制单片机电路原理图正确,单片机能正常工作,得 10 分 2. 绘制 DS18B20 电路正确,得 10 分 3. 绘制数码管电路正确,得 10 分 4. 编写单片机程序正确,数码管能显示数字,得 10 分 5. 编写单片机程序正确,数码管能显示环境温度,得 40 分 6. 编写单片机程序正确,当温度超过 30℃ 时数码管进行闪烁,得 20 分		

注：理论知识可以从“优秀”“一般”“仍需努力”方面进行评价。

项目八

单片机控制ADC/DAC电路

一、技能目标

能用 Proteus 绘制 ADC/DAC 电路图。

能正确掌握 ADC0809 和 DAC0832 芯片的使用方法。

掌握编写单片机控制 ADC/DAC 的 C 语言程序方法。

二、知识目标

掌握单片机控制 ADC0809 的相关知识。

掌握单片机控制 DAC0832 的相关知识。

任务一 数字电压表的制作

通过本任务，了解单片机控制 ADC0809 完成数字电压表的设计过程，包括原理图的绘制、编程及仿真运行；学习 ADC0809 的控制方法；学习单片机的 C 语言程序设计。

【任务布置】

本任务的学习内容见表 8-1。

表 8-1 任务布置

任务名称	数字电压表的制作	学习时间	2 学时
任务描述	通过单片机控制 ADC0809 在数码管上显示输入电压值		

【任务分析】

1. 电位器 RV1 作为模拟量输入源，连接到 ADC0809 的输入通道 1。

2. 调节电位器 RV1，数码显示器的数值随电压的变化而增大或变小。

【任务实施】

根据任务分析，设计出硬件电路图，在 Proteus 上进行绘制，然后在 Keil 软件中采用 C 语言对单片机进行编程，使用 Proteus 进行仿真和调试。

活动 1 绘制电路原理图

数字电压表的电路原理图如图 8-1 所示。U1 的 8 位数字量输出引脚接单片机的 P0 口，模拟输入量接 U1 的 IN1，U1 的 CLOCK 引脚接 500kHz 脉冲信号源，

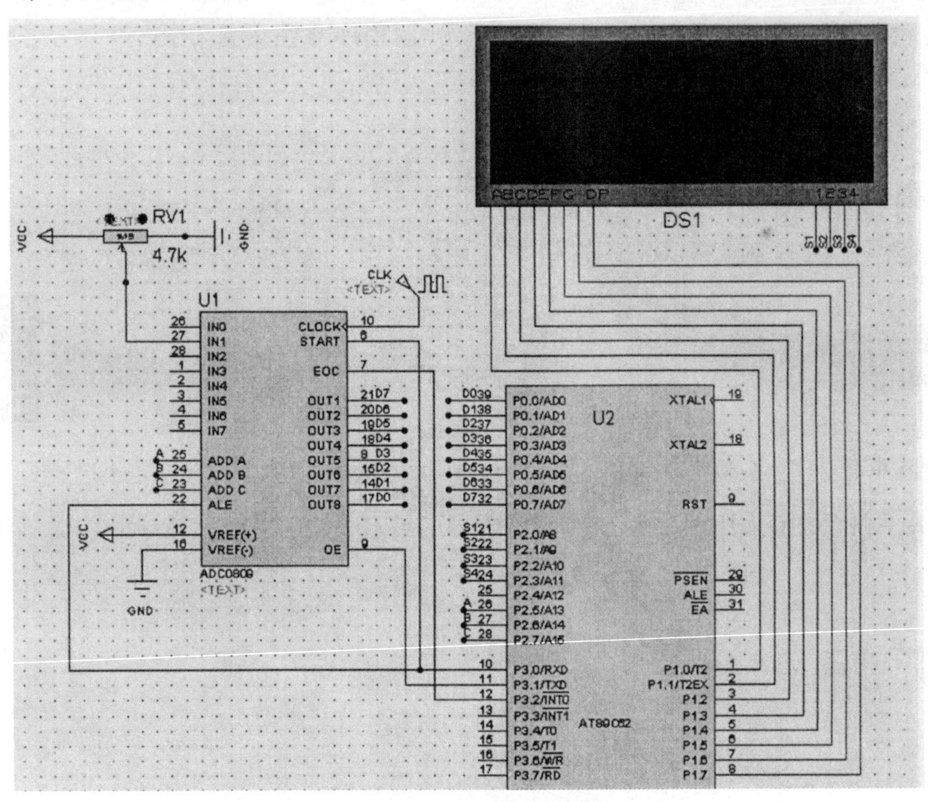

图 8-1 数字电压表的电路原理图

START 和 ALE、OE、EOC 引脚分别接 U2 的 P3.0、P3.1、P3.2。

相关工作过程：单片机 P2.5、P2.6、P2.7 控制 ADC0809 的模拟通道地址选择端，选择 IN1 通道，P3.0、P3.1 控制 ADC0809 的 A/D 转换开始并且允许输出数据，P3.0 判断转换是否结束，一旦转换结束，数据将传送到单片机，在数码管上显示出相应的数据。当改变电位器 RV1 的阻值时，ADC0809 的输入电压发生变化，数码管上显示的电压值也发生相应的变化。

电路图中的元器件参数见表 8-2。

表 8-2　元器件参数

序号	元器件符号	元器件型号	备注
1	U1	ADC0809	
2	U2	AT89C52	
3	RV1	电位器	4.7kΩ
4	DS1	4 位数码管	

活动 2　编写程序文件

数字电压表制作的 C 语言程序如下：

```
#include<reg52.h>
unsigned char code tabled[ ] = {0x3f,0x06,0x5b,0x4f,0x66,0x6d,0x7d,0x07,0x7f,0x6f};
unsigned char disp[4] = {0,0,0,0};
unsigned int results,getdata;
char j;
sbit ST = P3^0;      //定义端口
sbit OE = P3^1;
sbit EOC = P3^2;
sbit S1 = P2^0;
sbit S2 = P2^1;
sbit S3 = P2^2;
sbit S4 = P2^3;
sbit a = P2^5;
sbit b = P2^6;
sbit c = P2^7;
void delay(unsigned int);
void display();
void adc0809();
void main()
{
  while(1)
  {
```

```
adc0809();
    display();
  }
}
void delay(unsigned int z)  //延时子程序
{
  unsigned int x,y;
  for(x=z;x>0;x--)
    for(y=110;y>0;y--);
}
void adc0809()              //ADC0809 转换子程序
{
  a=1;
  b=0;
  c=0;                      //选择 1 通道
  OE=0;
  ST=0;
  ST=1;                     // 启动 A-D 转换
  ST=0;
  while(EOC==0);            //转换是否结束
  OE=1;                     //打开输出端口
  getdata=P0;               //读取转换数据
  OE=0;
  results = getdata * 196;  //数据换算
  disp[2] = results/10000;
  disp[1] = (results/1000)%10;
  disp[0] = (results/100)%10;
}
void display()
{
    S1 = 1;
    P1 = tabled[disp[2]]+0x80;          //显示个位及小数点
    S1 = 0;
    delay(5);
    S1 = 1;
    S2 = 1;
    P1 = tabled[disp[1]];               //显示十分位
  S2 = 0;
    delay(5);
    S2 = 1;
    S3 = 1;
    P1 = tabled[disp[0]];               //显示百分位
   S3 = 0;
```

```
    delay(5);
        S3 = 1;
    }
```

活动 3　仿真运行

编写好程序文件后，生成 hex 文件，在 Proteus 的单片机中加载该 hex 文件，单击“运行”按钮，数码管显示输入的电压值。

【知识链接】

ADC0809 是带有 8 位 A-D 转换器、8 路多路开关以及微处理机兼容的控制逻辑的 CMOS 组件。它是逐次逼近式 A-D 转换器，可以和单片机直接接口。

一、主要技术指标和特性

1）分辨率：8 位。

2）总的不可调误差：±1LSB。

3）转换时间：取决于芯片时钟频率，如 CLK = 500kHz 时，TCONV = 128μs。

4）单一电源：5V。

5）模拟输入电压范围：单极性 0 ~ 5V；双极性 ± 5V，± 10V（需外加一定电路）。

6）具有可控三态输出缓存器。

7）启动转换控制为脉冲式（正脉冲），上升沿使所有内部寄存器清零，下降沿使 A-D 转换开始。

8）使用时不需进行零点和满刻度调节。

二、ADC0809 的内部逻辑结构

由图 8-2 可知，ADC0809 由一个 8 路模拟开关、一个地址锁存与译码器、一个 A-D 转换器和一个三态输出锁存缓冲器组成。多路开关可选通 8 个模拟通道，允许 8 路模拟量分时输入，共用 A-D 转换器进行转换。三态输出锁存器用于锁存 A-D 转换完的数字量，当 OE 端为高电平时，才可以从三态输出锁存器取走转换完的数据。

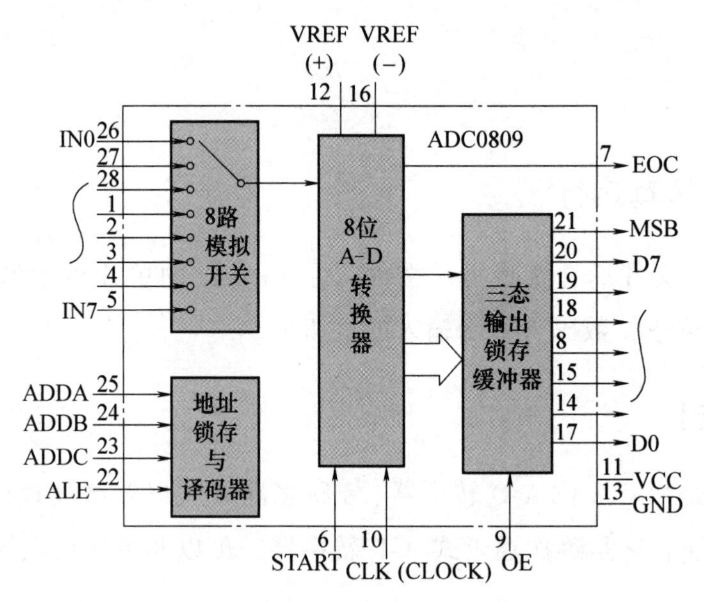

图 8-2 ADC0809 的内部逻辑结构

三、ADC0809 引脚结构

ADC0809 引脚结构如图 8-3 所示，其功能如下：

1）IN0～IN7——8 路模拟输入，通过三根地址译码线 ADDA、ADDB、ADDC 来选通某一通道。

2）D0～D7——A-D 转换后的数据输出端，为三态可控输出，故可直接和微处理器数据线连接。8 位排列顺序是 D7 为最高位，D0 为最低位。

3）ADDA、ADDB、ADDC——模拟通道选择地址信号，ADDA 为低位，ADDC 为高位。地址信号与选中通道的对应关系见表 8-3。

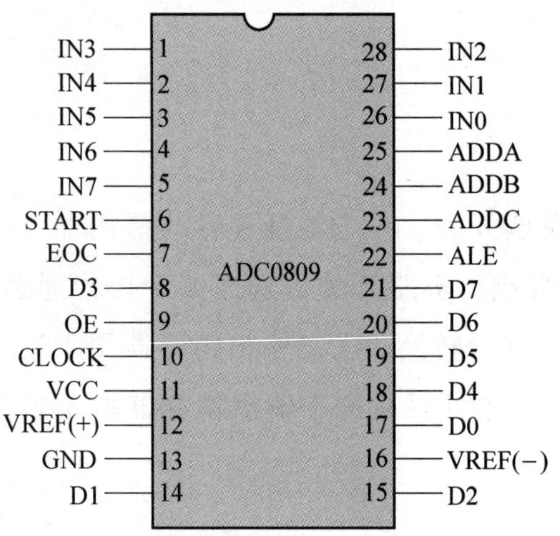

图 8-3 ADC0809 引脚结构

表 8-3 通道选择表

ADDC	ADDB	ADDA	选择的通道
0	0	0	IN0
0	0	1	IN1
0	1	0	IN2
0	1	1	IN3
1	0	0	IN4
1	0	1	IN5
1	1	0	IN6
1	1	1	IN7

4）VREF（+）、VREF（-）——正、负参考电压输入端，用于提供片内 DAC 电阻网络的基准电压。在单极性输入时，VREF（+）= 5V，VREF（-）= 0V；双极性输入时，VREF（+）、VREF（-）分别接正、负极性的参考电压。

5）ALE——地址锁存允许信号，高电平有效。当此信号有效时，A、B、C 三位地址信号被锁存，译码选通对应模拟通道。在使用时，该信号常和 START 信号连在一起，以便同时锁存通道地址和启动 A-D 转换。

6）START——A-D 转换启动信号，正脉冲有效。当 START 上升沿时，所有内部寄存器清零；下降沿时，开始进行 A-D 转换；在转换期间，START 应保持低电平。

7）EOC——转换结束信号，高电平有效。该信号在 A-D 转换过程中为低电平，其余时间为高电平。该信号可作为被 CPU 查询的状态信号，也可作为对 CPU 的中断请求信号。

8）OE——输出允许信号，高电平有效。OE 为输出允许信号，用于控制三条输出锁存器向单片机输出转换得到的数据。OE = 1，输出转换得到的数据；OE = 0，输出数据线呈高阻状态。

四、转换数据的传送

A-D 转换后得到的数据应及时传送给单片机进行处理。数据传送的关键问题是如何确认 A-D 转换的完成，因为只有确认完成后，才能进行传送。为此可采用下述三种方式。

1. 定时传送方式

对于一种 A-D 转换器来说，转换时间作为一项技术指标是已知的和固定的。例如 ADC0809 的转换时间为 128μs，相当于 6MHz 的 MCS-51 单片机共 64 个机器周期。可据此设计一个延时子程序，A-D 转换启动后即调用此子程序，延迟时间一到，转换肯定已经完成了，接着就可进行数据传送。

2. 查询方式

A-D 转换芯片有表明转换完成的状态信号，例如 ADC0809 的 EOC 端。因此可以用查询方式测试 EOC 的状态，即可确认转换是否完成，并接着进行数据传送。

3. 中断方式

把表明转换完成的状态信号（EOC）作为中断请求信号，以中断方式进行数据传送。

不管使用上述哪种方式，一旦确定转换完成，即可通过指令进行数据传送。

五、ADC0809的工作时序

ADC0809的工作时序如图8-4所示。当通道选择地址有效时，ALE信号一出现，地址便马上被锁存，这时转换启动信号紧随ALE之后（或与ALE同时）出现。START的上升沿将逐次逼近寄存器SAR复位，在该上升沿之后的2μs加8个时钟周期内（不定），EOC信号将变低电平，以指示转换操作正在进行中，直到转换完成后EOC再变为高电平。微处理器收到变为高电平的EOC信号后，便立即送出OE信号，打开三态门，读取转换结果。

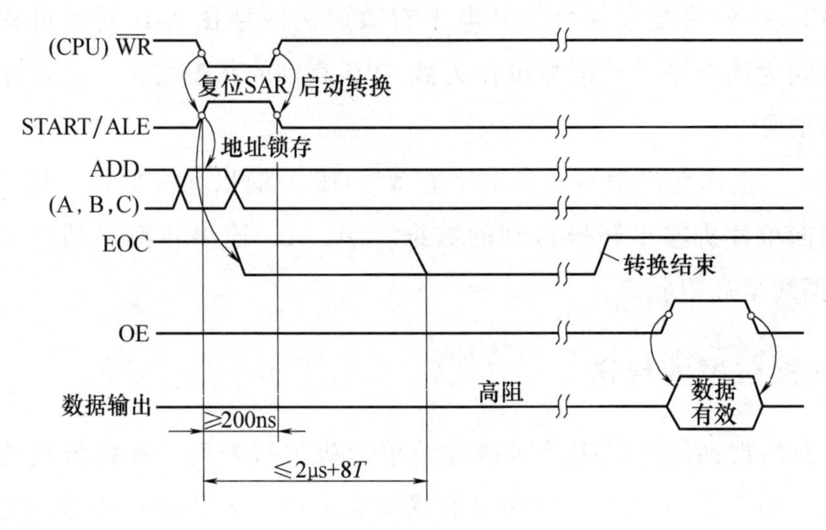

图8-4 ADC0809的工作时序

【技能增值及评价】

通过本任务的学习，你的单片机A-D转换知识和操作技能肯定有极大的提高，请花一点时间加以总结，看看自己在哪些方面得到了提升，哪些方面仍需加油，在自我评价的基础上，还可以让教师或同学进行评价，这样的评价更客观，请填写表8-4。

表8-4 技能增值及评价表

评价方向	评价内容	自我评价	小组评价
理论知识	简述ADC0809引脚定义		
实操技能	运用ADC0809制作数字电压表，电压值通过RS232串行通信，进行显示： 1. 绘制单片机电路原理图正确，单片机能正常工作，得10分		

（续）

评价方向	评价内容	自我评价	小组评价
实操技能	2. 绘制 ADC0809 采集电压源电路正确，得 30 分　3. 绘制 RS232 串行通信电路正确，得 10 分 4. 编写单片机程序正确，RS232 和单片机通信正常，得 20 分 5. 编写单片机程序正确，RS232 能够显示电压源电压，得 30 分		

注：理论知识可以从“优秀”“一般”“仍需努力”方面进行评价。

任务二　波形发生器的制作

通过本任务，了解单片机控制 DAC0832 完成波形发生器的制作过程，包括原理图的绘制、编程及仿真运行；学习 DAC0832 的控制方法；学习单片机的 C 语言程序设计。

【任务布置】

本任务的学习内容见表 8-5。

表 8-5　任务布置

任务名称	波形发生器的制作	学习时间	2 学时
任务描述	通过单片机控制 DAC0832 制作波形发生器		

【任务分析】

1. 点按 S1，波形发生器输出正弦波。
2. 点按 S2，波形发生器输出三角波。
3. 点按 S3，波形发生器输出方波。

【任务实施】

根据任务分析，设计出硬件电路图，在 Proteus 上进行绘制，然后在 Keil 软件中采用 C 语言对单片机进行编程，使用 Proteus 进行仿真和调试。

活动 1　绘制电路原理图

波形发生器的电路原理图如图 8-5 所示。按键 S1、S2、S3 分别连接到 P1.0、

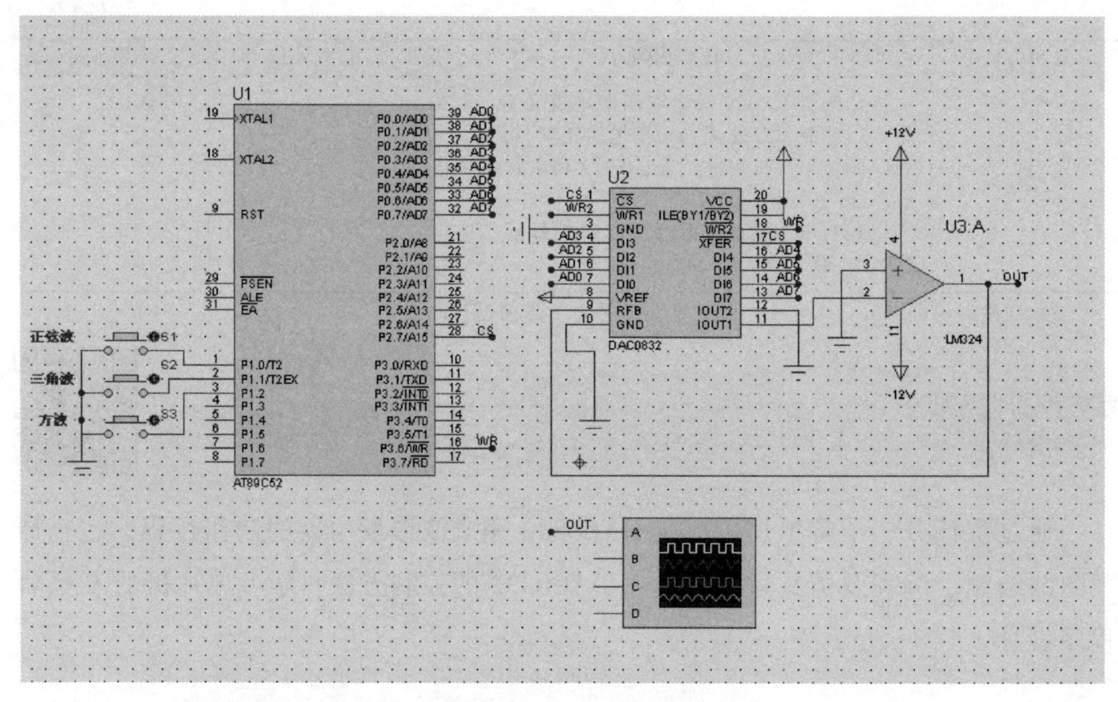

图 8-5 波形发生器的电路原理图

P1.1、P1.2。DAC0832 的 8 位数字输入端连接到 P0 口。P2.7、P3.6 分别接到 $\overline{\text{CS}}$、$\overline{\text{WR1}}$ 和 $\overline{\text{WR2}}$。IOUT1 连接到 LM324 的反相输入端。其相关工作过程如下：

1）点按 S1，LM324 的输出端输出正弦波。

2）点按 S2，LM324 的输出端输出三角波。

3）点按 S3，LM324 的输出端输出方波。

电路图中的元器件参数见表 8-6。

表 8-6 元器件参数

序号	元器件符号	元器件型号	备注
1	U1	AT89C52	
2	U2	DAC0832	
3	U3A	LM324	
4	S1 ~ S3	按键	

活动 2 编写程序文件

单片机控制 DAC0832 制作波形发生器的 C 语言程序如下：

```
#include<reg51.h>
#include<absacc.h>
#define uchar unsigned char
#define uint unsigned int
#define DAC0832 XBYTE[0X7FFF]   //DAC0832 在系统中的地址为 0X7FFF
sbit s1=P1^0;      //正弦波按键
sbit s2=P1^1;      //三角波按键
sbit s3=P1^2;      //方波按键
uchar key1;
uchar keya;
uchar keyb;
uchar keyc;
uchar code ZXB_code[256]={
0x80,0x83,0x86,0x89,0x8c,0x8f,0x92,0x95,0x98,0x9c,0x9f,0xa2,
0xa5,0xa8,0xab,0xae,0xb0,0xb3,0xb6,0xb9,0xbc,0xbf,0xc1,0xc4,
0xc7,0xc9,0xcc,0xce,0xd1,0xd3,0xd5,0xd8,0xda,0xdc,0xde,0xe0,
0xe2,0xe4,0xe6,0xe8,0xea,0xec,0xed,0xef,0xf0,0xf2,0xf3,0xf4,
0xf6,0xf7,0xf8,0xf9,0xfa,0xfb,0xfc,0xfc,0xfd,0xfe,0xfe,0xff,
0xff,0xff,0xff,0xff,0xff,0xff,0xff,0xff,0xff,0xff,0xfe,0xfe,
0xfd,0xfc,0xfc,0xfb,0xfa,0xf9,0xf8,0xf7,0xf6,0xf5,0xf3,0xf2,
0xf0,0xef,0xed,0xec,0xea,0xe8,0xe6,0xe4,0xe3,0xe1,0xde,0xdc,
0xda,0xd8,0xd6,0xd3,0xd1,0xce,0xcc,0xc9,0xc7,0xc4,0xc1,0xbf,
0xbc,0xb9,0xb6,0xb4,0xb1,0xae,0xab,0xa8,0xa5,0xa2,0x9f,0x9c,
0x99,0x96,0x92,0x8f,0x8c,0x89,0x86,0x83,0x80,0x7d,0x79,0x76,
0x73,0x70,0x6d,0x6a,0x67,0x64,0x61,0x5e,0x5b,0x58,0x55,0x52,
0x4f,0x4c,0x49,0x46,0x43,0x41,0x3e,0x3b,0x39,0x36,0x33,0x31,
0x2e,0x2c,0x2a,0x27,0x25,0x23,0x21,0x1f,0x1d,0x1b,0x19,0x17,
0x15,0x14,0x12,0x10,0xf,0xd,0xc,0xb,0x9,0x8,0x7,0x6,0x5,0x4,
0x3,0x3,0x2,0x1,0x1,0x0,0x0,0x0,0x0,0x0,0x0,0x0,0x0,0x0,0x0,
0x0,0x1,0x1,0x2,0x3,0x3,0x4,0x5,0x6,0x7,0x8,0x9,0xa,0xc,0xd,
0xe,0x10,0x12,0x13,0x15,0x17,0x18,0x1a,0x1c,0x1e,0x20,0x23,
0x25,0x27,0x29,0x2c,0x2e,0x30,0x33,0x35,0x38,0x3b,0x3d,0x40,
0x43,0x46,0x48,0x4b,0x4e,0x51,0x54,0x57,0x5a,0x5d,0x60,0x63,
0x66,0x69,0x6c,0x6f,0x73,0x76,0x79,0x7c
};
uchar code sanjiao[64]={
0,8,16,24,32,40,48,56,64,72,80,88,96,104,112,120,128,136,144,152,160,168,176,
184,192,200,208,216,224,232,240,248
248,240,232,224,216,208,200,192,184,176,168,160,152,144,136,128,120,112,104,
96,88,80,72,64,56,48,40,32,24,16,8,0
};
void delay(uint z)  //延时子程序
{
```

```
  unsigned int x,y;
  for(x=z;x>0;x--)
    for(y=110;y>0;y--);
}
void init()
{
  TMOD=0x01;
  TH0=(65536-400)/256;
  TL0=(65536-400)%256;
  EA=1;
  ET0=1;
  TR0=1;
}
void zhengxianbo()
  {
  uchar i;
  while(1)
  {   if(keya==1)
    {for(i=0;i<255;i++)       //产生正弦波
      DAC0832=ZXB_code[i];
    }
    else break;
  }
  }
void sanjiaobo()
  {
  uchar i;
  while(1)
  {   if(keyb==1)
    {for(i=0;i<255;i++)       //产生三角波
      DAC0832=i;
      for(i=255;i>0;i--)
        DAC0832=i;
    }
    else break;
    }
  }
void fangbo()                 //产生方波
{
while(1)
{
if(keyc==1)
{
```

```
DAC0832 = 0x00;
delay(10);
DAC0832 = 0xff;
delay(10);
}
else break;
}
}
void main()
  {
  init();
  while(1)
  {
switch(key1)
{
case 0x01:              //点按 S1,输出正弦波
zhengxianbo();
break;
case 0x02:              //点按 S2,输出三角波
sanjiaobo();
break;
case 0x03:              //点按 S3,输出方波
fangbo();
break;
}
    }
  }
void time1() interrupt 1
{
  TH0 = (65536-400)/256;
  TL0 = (65536-400)%256;
if(s1 = = 0)
{key1 = 0x01;keya = 1;keyb = 0;keyc = 0;}
if(s2 = = 0)
{key1 = 0x02;keya = 0;keyb = 1;keyc = 0;}
if(s3 = = 0)
{key1 = 0x03;keya = 0;keyb = 0;keyc = 1;}
}
```

活动 3　仿真运行

编写好程序文件后，生成 hex 文件，在 Proteus 的单片机中加载该 hex 文件，

单击“运行”按钮，点按 S1、S2、S3 分别输出正弦波、三角波、方波。

【知识链接】

DAC0832 是 8 位双缓冲器 D-A 转换器。芯片内带有资料锁存器，可与数据总线直接相连。电路有极好的温度跟随性，使用了 CMOS 电流开关和控制逻辑而获得低功耗、低输出的泄漏电流误差。芯片采用 R-2RT 型电阻网络，对参考电流进行分流完成 D-A 转换。转换结果以一组差动电流 IOUT1 和 IOUT2 输出。

一、DAC0832 的主要性能参数

1）分辨率为 8 位。

2）转换时间为 1μs。

3）参考电压为±10V。

4）单电源电压为 5~15V。

5）功耗为 20mW。

二、DAC0832 的内部逻辑结构

DAC0832 的内部逻辑结构如图 8-6 所示。DAC0832 中有两级锁存器，第一级锁存器称为输入寄存器，它的锁存信号为 ILE；第二级锁存器称为 DAC 寄存器，它的锁存信号为传输控制信号 $\overline{\text{XFER}}$。因为有两级锁存器，DAC0832 可以工作在双缓冲器方式，即在输出模拟信号的同时采集下一个数字量，这样能有效地提高转换速度。此外，两级锁存器还可以在多个 D-A 转换器同时工作时，利用第二级锁存信号来实现多个转换器同步输出。

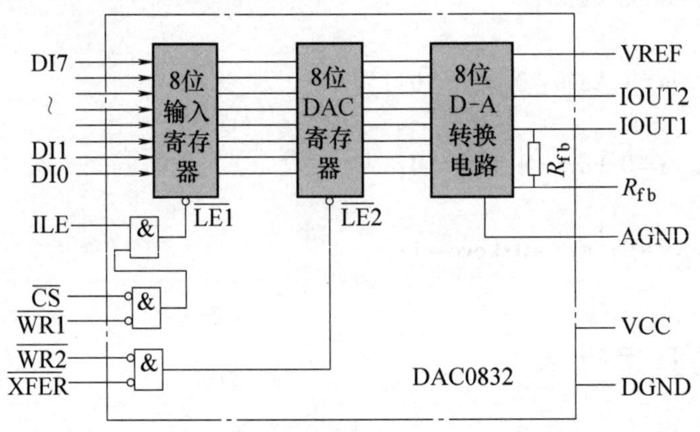

图 8-6 DAC0832 的内部逻辑结构

图 8-6 中 ILE 为高电平、$\overline{\text{CS}}$ 和 $\overline{\text{WR1}}$ 为低电平时，$\overline{\text{LE1}}$ 为高电平，输入寄存器的输出跟随输入而变化；此后，当 $\overline{\text{WR1}}$ 由低变高时，$\overline{\text{LE1}}$ 为低电平，资料被锁存到输入寄存器中，这时输入寄存器的输出端不再跟随输入资料的变化而变化。对第二级锁存器来说，$\overline{\text{XFER}}$ 和 $\overline{\text{WR2}}$ 同时为低电平时，$\overline{\text{LE2}}$ 为高电平，DAC 寄存器的输出跟随其输入而变化；此后，当 $\overline{\text{WR2}}$ 由低变高时，$\overline{\text{LE2}}$ 变为低电平，将输入寄存器的资料锁存到 DAC 寄存器中。

三、DAC0832 的引脚特性

DAC0832 是 20 引脚的双列直插式芯片。各引脚的特性如下：

$\overline{\text{CS}}$——片选信号，和允许锁存信号 ILE 组合来决定 $\overline{\text{WR1}}$ 是否起作用。

ILE——允许锁存信号。

$\overline{\text{WR1}}$——写信号 1，作为第一级锁存信号，将输入资料锁存到输入寄存器（此时 $\overline{\text{WR1}}$ 必须和 $\overline{\text{CS}}$、ILE 同时有效）。

$\overline{\text{WR2}}$——写信号 2，将锁存在输入寄存器中的资料送到 DAC 寄存器中进行锁存（此时传输控制信号 $\overline{\text{XFER}}$ 必须有效）。

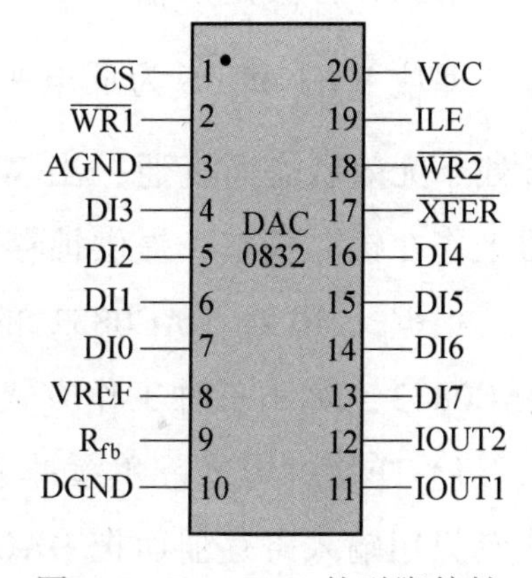

图 8-7 DAC0832 的引脚特性

$\overline{\text{XFER}}$——传输控制信号，用来控制 $\overline{\text{WR2}}$。

DI0～DI7——8 位数据输入端。

IOUT1——模拟电流输出端 1。当 DAC 寄存器中全为 1 时，输出电流最大，当 DAC 寄存器中全为 0 时，输出电流为 0。

IOUT2——模拟电流输出端 2。IOUT1+IOUT2＝常数。

R_{fb}——反馈电阻引出端。DAC0832 内部已经有反馈电阻，所以，Rfb 端可以直接接到外部运算放大器的输出端，相当于将反馈电阻接在运算放大器的输入端和输出端之间。

VREF——参考电压输入端。可接电压范围为±10V。外部标准电压通过 VREF 与 T 形电阻网络相连。

VCC——芯片供电电压端。范围为 5~15V，最佳工作状态是 15V。

AGND——模拟地，即模拟电路接地端。

DGND——数字地，即数字电路接地端。

四、DAC0832 的工作方式

DAC0832 进行 D-A 转换，可以采用两种方法对数据进行锁存。

第一种方法是使输入寄存器工作在锁存状态，而 DAC 寄存器工作在直通状态。具体地说，就是使 $\overline{WR2}$ 和 $\overline{XFER}$ 都为低电平，DAC 寄存器的锁存选通端得不到有效电平而直通；此外，使输入寄存器的控制信号 ILE 处于高电平、$\overline{CS}$ 处于低电平，这样，当 $\overline{WR1}$ 端来一个负脉冲时，就可以完成一次转换。

第二种方法是使输入寄存器工作在直通状态，而 DAC 寄存器工作在锁存状态，即使 $\overline{WR1}$ 和 $\overline{CS}$ 为低电平，ILE 为高电平，这样，输入寄存器的锁存选通信号处于无效状态而直通；当 $\overline{WR2}$ 和 $\overline{XFER}$ 端输入一个负脉冲时，使得 DAC 寄存器工作在锁存状态，提供锁存数据进行转换。

根据上述对 DAC0832 的输入寄存器和 DAC 寄存器不同的控制方法，DAC0832 有如下三种工作方式：

1）单缓冲方式。单缓冲方式是控制输入寄存器和 DAC 寄存器同时接收资料，或者只用输入寄存器而把 DAC 寄存器接成直通方式。此方式适用于只有一路模拟量输出或几路模拟量异步输出的情形。

2）双缓冲方式。双缓冲方式是先使输入寄存器接收资料，再控制输入寄存器的输出资料到 DAC 寄存器，即分两次锁存输入资料。此方式适用于多个 D-A 转换同步输出的情节。

3）直通方式。直通方式是资料不经两级锁存器锁存，即 $\overline{WR1}$、$\overline{WR2}$、$\overline{XFER}$、$\overline{CS}$ 均接地，ILE 接高电平。此方式适用于连续反馈控制线路，不过在使用时，必须通过另加 I/O 接口与 CPU 连接，以匹配 CPU 与 D-A 转换。

五、DAC0832 的工作时序

DAC0832 的工作时序如图 8-8 所示。当 ILE 为 1 时，只有当 $\overline{CS}$、$\overline{WR1}$ 都为 0 时输入寄存器才允许输入；当 $\overline{WR2}$、$\overline{XFER}$ 也都为 0 时，输入寄存器里的信息才

能写入 DAC 寄存器。

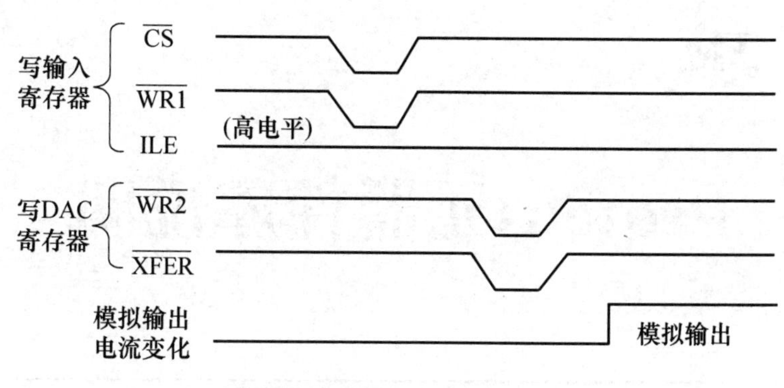

图 8-8　DAC0832 的工作时序

【技能增值及评价】

通过本任务的学习，你的单片机 D-A 转换知识和操作技能肯定有极大的提高，请花一点时间加以总结，看看自己在哪些方面得到了提升，哪些方面仍需加油，在自我评价的基础上，还可以让教师或同学进行评价，这样的评价更客观，请填写表 8-7。

表 8-7　技能增值及评价表

评价方向	评价内容	自我评价	小组评价
理论知识	简述 DAC0832 引脚定义		
实操技能	运用 DAC0832 控制灯泡的亮度，按下一个独立按键，灯泡由暗到亮： 1. 绘制单片机电路原理图正确，单片机能正常工作，得 10 分 2. 绘制 DAC0832 控制灯泡的电路正确，得 30 分 3. 编写单片机程序正确，独立按键控制程序正确，得 10 分 4. 编写单片机程序正确，DAC0832 控制程序正确，得 20 分 5. 编写单片机程序正确，按下独立按键，灯泡由暗到亮，得 30 分		

注：理论知识可以从“优秀”“一般”“仍需努力”方面进行评价。

附　录

Proteus元器件库说明

Proteus 仿真元器件库说明	
元器件名称	中文名
74LS07	缓冲器/驱动器
1N914	二极管
74LS00	与非门
74LS04	非门
74LS08	与门
74LS390	十进制计数器
ALTERNATOR	交流发电机
AMMETER-MILLI	毫安安培计
AND	与门
BATTERY	电池/电池组
BUS	总线
CAPACITOR	电容器
CLOCK	时钟信号源
CRYSTAL	晶振
FUSE	熔丝
GROUND	地
LAMP	灯
LED-RED	红色发光二极管
LM016L	2 行 16 列液晶
LOGIC ANALYZER	逻辑分析仪
LOGICPROBE	逻辑探针
LOGICSTATE	逻辑状态
LOGICTOGGLE	逻辑触发
MASTERSWITCH	主控开关
MOTOR	电动机
OR	或门
POT-LIN	三引线可变电阻器
POWER	电源
RESISTOR	电阻器
SWITCH	开关
SWITCH-SPDT	单刀双掷开关
VOLTMETER	伏特计

（续）

Proteus 仿真元器件库说明	
元器件名称	中文名
VOLTMETER-MILLI	毫伏伏特计
VTERM	串行口终端
ANTENNA	天线
BELL	铃
BVC	同轴电缆接插件
BUFFER	缓冲器
BUZZER	蜂鸣器
CAPACITOR POL	有极性电容
CAPVAR	可调电容
CIRCUIT BREAKER	断路器
COAX	同轴电缆
DB	数据插口
DIODE	二极管
DIODE SCHOTTKY	肖特基二极管
DIODE VARACTOR	变容二极管
INDUCTOR	电感
INDUCTOR IRON	带铁心电感
JFET N	N 沟道场效应管
JFET P	P 沟道场效应管
LAMP NEDN	辉光启动器
LED	发光二极管
METER	仪表
MICROPHONE	送话器
MOSFET	MOS 管
MOTOR AC	交流电动机
MOTOR SERVO	伺服电动机
NAND	与非门
NOR	或非门
NOT	非门
NPN	NPN 晶体管
NPN-PHOTO	光电晶体管
OPAMP	运放
PNP	PNP 晶体管
RELAY-DPDT	双刀双掷继电器
RESISTOR BRIDGE	电桥电阻
RESPACK	排阻
SCR	晶闸管
PLUG	插头
PLUG AC FEMALE	三相交流插头
SOCKET	插座
SOURCE CURRENT	电流源
SOURCE VOLTAGE	电压源
SPEAKER	扬声器

（续）

Proteus 仿真元器件库说明	
元器件名称	中文名
SW	开关
SW-DPDY	双刀双掷开关
SW-SPST	单刀单掷开关
TRIAC	三端双向可控硅
TRIODE	真空晶体管

参考文献

[1] 胡凤忠，高金定，廖亦凡. 单片机原理与应用——基于 AT89S51+Proteus 仿真［M］. 北京：机械工业出版社，2019.

[2] 荆珂，李芳. 单片机原理及应用——基于 Keil C 与 Proteus［M］. 北京：机械工业出版社，2016.

[3] 王贤辰，葛和平. 单片机技术应用［M］. 北京：高等教育出版社，2017.